城市规划研究设计

学生用书

[英]斯图尔特·法辛(Stuart Farthing) 著

祁文慧 译

东南大学出版社
SOUTHEAST UNIVERSITY PRESS

·南京·

图书在版编目(CIP)数据

城市规划研究设计:学生用书/（英）斯图尔特·法辛(Stuart Farthing)著;祁文慧译. —南京:东南大学出版社，2020.8

书名原文:RESEARCH DESIGN in URBAN PLANNING：A Student's Guide

ISBN 978-7-5641-9074-3

Ⅰ.①城… Ⅱ.①斯… ②祁… Ⅲ.①城市规划—建筑设计 Ⅳ.①TU984

中国版本图书馆 CIP 数据核字(2020)第 152580 号

图字:10-2020-345 号

城市规划研究设计:学生用书

出版发行	东南大学出版社
社 址	南京市四牌楼 2 号(210096)
出 版 人	江建中
责任编辑	夏莉莉(电话:025-83792954)
经 销	全国各地新华书店
印 刷	虎彩印艺股份有限公司
开 本	710mm×1000mm 1/16
印 张	11.5
字 数	203 千
版 次	2020 年 8 月第 1 版
印 次	2020 年 8 月第 1 次印刷
书 号	ISBN 978-7-5641-9074-3
定 价	48.00 元

本社图书若有印装质量问题,请直接与营销部联系。电话:025-83791830

目　　录

作 者 简 介

斯图尔特·法辛在 2011 年 7 月退休前，一直是西英格兰大学（University of the West of England，UWE；位于布里斯托尔）规划与建筑系城市规划专业的专任教师。1997 年至 2011 年，他是应用社会研究硕士点负责人，后来英国经济与社会研究理事会认可了西英格兰大学的跨学科博士培训课程，于是他又成为该学位点"环境规划"道路专家组的组长。他职业生涯的大部分时间都在布里斯托尔度过，但在 20 世纪 80 年代和 90 年代早期，他曾作为规划法专家在雷丁大学和卡迪夫大学执教。由于伊拉兹马斯（Erasmus）交流项目，他曾到汉诺威大学和图尔大学任教，并至澳大利亚墨尔本大学的城市规划系担任英国文化委员会访问研究员。另外，他还担任法国图尔大学理工学院环境治理系客座教授多年。他之前的教学方向主要是城市规划研究、社会研究方法和研究方法论。他一直致力于住房规划研究，但最近开始研究比较规划和城市区域规划。他的联系方式为：Stuart.Farthing@yahoo.com。

前　言

　　规划课程通常会要求学生实施一个小型研究项目，并将研究结果写成毕业论文。尽管总体而言有一些研究文章是针对社会科学的，但是关于规划专业的学生和研究人员该如何展开研究的文章却相对匮乏，关于研究设计的书籍也寥寥无几。本书的出发点在于城市规划中忽视研究设计是一个不幸的问题，而且这还导致了学生花时间完成的论文远没有其该有的价值。

　　研究设计是指在收集和生成数据之前，以及面对研究过程中的实际问题之前，你们对于关键决策的全局思考。

　　在开始拟写毕业论文的时候，你们可能不会立即明白思考研究设计的重要性，很多学生认识到论文的截止时间紧迫，明显地急于"动手"。但是"正确"的设计决策会对你们的研究论断产生重要影响，进而，也将对你们的毕业论文的获得的评价产生重要的影响。对于学生来说，毕业论文的评估人主要会评价你们论文中涉的研究，以及你们所进行的论证。Parsons 和 Knight(2005:45)说，考官最喜欢提的问题是"你能谈谈你的研究设计逻辑吗？"因此，之所以在研究设计方面花费时间，首先是因为在时间和其他条件有限的情况下可以最大可能地提供论据以说服考官。

　　你们的毕业论文所面向的群体不仅仅是学者。如果你是规划专业的学生，受到规划机构或咨询机构赞助而获得规划资格，且如果你的赞助方将你的论文看作你理解和应对问题的方法，那么他们也同样会关注你论文结论的可信度。

　　思考研究设计以及你们也许会发现阅读这本书是有用的第二个理由在于，人们越来越关注城市规划中的道德研究(第9章讨论)，以及学生所提交的项目需要获得道德认同。因此你们很可能会被要求写一篇开题报告作为毕业论文或论文的正式组成部分。开题报告的格式要求多种多样，但是无论是多严格的格式，本书中所考虑到的问题都将有助于你们顺利完成这篇开题报告。

　　最后，我建议你们在毕业论文的写作过程中，相当大一部分时间应该花在研究设计方面。你们大多数人将面临挑战，即在一年甚至不足一年的时间之内完成一篇毕业论文。当然，除了论文，由于你们还需要在规定期限内承担其他的学术工作和课程，你们写毕业论文的时间将会受限。根据经验，如果我们把三分之一的时间用于规划和开展研究设计,三分之一的时间用于实施研究,三分之一的时间用于分析和写作,那么你就可以看到研究设计在研究过程中是非常重要的一部分。本书旨在帮助刚开始写毕业论文的规划专业本科生和研究生,同时作为论文指导老师用于指导学生论文写作过程的参考资料。很多规划学位的课程在讲授论文模板的同时,还讲授研究方法,但是通常对研究设计讲授不明确,所以本书可以填补这一不足,完善这些课程。

本书以研究设计中的关键决策为框架,根据阅读顺序拟写各章内容。因此每章都有讨论和活动来帮助你们对自己设计的项目做出决策。但是我也承认学生的需求多种多样,你们可以根据自己的需求选择章节阅读[例如,不是每个人都会在规划中考虑采取比较研究(第 10 章)]。

参考文献

Parsons T,Knight P G,2005. How to Do Your Dissertation in Geography and Related Disciplines[M]. London:Routledge.

致　谢

　　作者和出版商都非常感谢利物浦大学出版社允许本书使用版权材料：Wood R，2000. Using Appeal Data to Characterise Local Planning Authorities［J］. Town Planning Review，71：97-107.

　　我很幸运能够在布里斯托尔的 UWE 和规划建筑系（前身）的同事共同工作了一段时间，他们教给我很多规划和规划研究方面的知识。还有我的学生和同事们，尤其是那些来自 UWE 其他院系学习应用社会研究中的硕士，他们对我在社会研究方面的想法提出质疑并且帮助我构建了支撑这本书的想法。我还想感谢大卫·詹姆斯教授，感谢他提出冰山模型的想法。当然，这些人不应对于本书中出现的任何误解或错误负责。我特别要感谢保罗·雷维尔，感谢他帮我制图，还有我的妻子，安，感谢她一个人重装房子期间不仅没有让我帮忙而且鼓励我完成本书。

1

规划研究设计

—— 核心问题 ——

研究设计是什么？
为什么要关注研究设计？意义何在？
研究设计共有多少种类型？研究设计与研究策略、研究方法有什么不同？
什么样的研究设计可以称作优秀的研究设计？

核心概念 🔑
研究设计；研究策略；研究方法

概述

正如前言所述，开始一篇毕业论文的研究时，有必要进行研究规划，即在你实施各种决定之前进行研究设计，这是本书的出发点。你论文终稿的质量能够反映你在研究设计上所花费的时间。本章将会设法解决研究设计的一系列入门问题。第一部分探讨研究设计的概念：什么是研究设计？接下来，我将探讨对研究设计感兴趣的原因。至于研究设计的类型，我的问题是：研究设计的类型是否有限？如果有限，那么有哪些类型？研究设计、研究策略和研究方法之间有什么不同区别？最后我阐释了本书所采用的研究设计方法，并简要介绍了本书其余章节的内容。

研究设计

研究设计在文献中通常是指在开展研究之前计划如何实施这个研究。因为设计是在研究实施之前设想的，所以设计是对如何实施该研究提出的各种假定。

这种假定应该写入开题报告,提交导师审核。Blaikie(2000)为了强调文件的受众,将开题报告和研究设计进行了区分。前者是公开的,是用于获得项目的批准或项目资金的文件;而后者是更私密的文件,仅限于研究者本人和导师之间查阅。然而,在这两种文件的拟写过程中,需要预先制订的研究计划是相同的。

Yin(1989:28)提出,研究设计是从"这里"到"那里"的过程——从研究开始前后的一系列研究问题到研究结束以及对那些研究问题的回答。在课本中,许多研究重点都放在生成数据的不同方法上,比如,结构化和非结构化访谈的选择。但是,虽然选择合适的生成数据和分析数据的方法很重要,但研究设计不仅仅涉及这些方面。正如 Hakim(2000:2)所说,这项研究设计关乎"何时、为何选择一种特定的研究类型"。

关注研究设计主要是因为研究设计能够加强研究者在特定研究中的论点的可信度。比如,规划研究人员可能会对规划的实质、实践,或者其社会、经济或环境影响等做出判断或者得出结论。对这些论点的关键性评估在于要求提供支持论点的论据。

近年来,关于用证据证明公共政策合理性的重要性有很多讨论(Alasuutari等,2008)。Gorard(2013)也从基于研究所做出的实用决策和政策决策,以及由于研究发现缺乏充分依据所导致的不必要损失等方面,证明了研究设计的重要性。Krizek 等人(2009)已经在规划文献中讨论过这种基于证据的政策理念。许多政策文献和规划文献的作者(比如,Fischer,2003;Healey,2007)强调研究者们对知识主张合理性的集体意见,尽管他们试图扩大发表意见的人员范围,因为意见可以为政策的形成提供依据。

鉴于必须做出的决定很重要,而且这些决定会影响你的论文质量,我建议留出毕业论文写作的大约三分之一的时间用于研究设计。

研究设计类型

一些研究设计的作者认为,研究人员必选的标准研究设计并不多(Cresswell,2003;Hakim,2000;de Vaus,2001)。本书对此观点持反对意见。这是因为任何课题都需要若干设计决策,而且这些决策不尽相同,所以任何课题都可能有许多合理的研究设计。然而,某些决策会比其他决策更重要。在这里,我认为对需要回答的研究问题做出决策是至关重要的。研究可以被看作是提出问题并试图回答问题的过程。开展小规模研究的规划专业学生可能尚未对研究问题给予该有的重视。研究问题之所以重要,是因为从确定回答问题的数据类型到获取数据的最佳方法,它都能为研究提供重点和方向,并影响着其他设计决策。因此,研究设计最重要的阶段之一就是,把你对选题和想要考察的问题的最初设想转化为恰当的研究问题。

　　研究设计中另一个关键思考是对你所感兴趣的社会环境的本质提出假设。规划研究者开始研究时,对社会生活有各种各样的理解。划分这些不同假设的方法是,在设计此项研究时,你是对寻求"因果",还是对探索"诠释和意义"更关注(见 Gomm,2004)。这一点和你对研究自身本质的看法都会对你的研究设计方法产生影响,也会影响你用于验证这些决策的论据。在这一点上,选择定性研究还是定量研究对研究设计的决策并没有帮助,虽然这一做法在文献中很常见(见,如 Cresswell,2003)。

　　研究设计、研究策略和研究方法三者有什么不同? 这个问题在研究文献中可以看到很多令人困惑的说法。如上所述,研究设计是在课题开展的初期对研究做出的暂时性决策。"研究策略"和"研究方法"这两个术语在研究设计中有时被用作同义词,例如"请描述你的研究策略或研究方法"。但是本书说的"研究方法"是指做这些决策时参照的标准,因此也是在课题设计中所做的决策和选择的依据。方法论建立在探讨社会世界的本原和发现社会世界本原的恰当方法之上。

　　优秀的研究设计是什么样的呢? 首先,优秀的研究设计都已提前想好影响后续研究实施的关键决策,并且论据清晰(即使不是所有人都赞同其论据)。因此,没有初步计划的城市规划研究方法均不属于优秀的研究设计,这种研究方式有时与定性研究人员的工作相关。这些关键决策包括:

- 我应该提出什么研究问题?
- 拟研究的问题有哪些理论依据?
- 我将以什么逻辑去回答我的研究问题?
- 我将用什么方法生成数据?
- 我将怎样分析数据?
- 我有没有考虑到研究课题涉及的伦理问题? 课题是否能获得伦理批准?

　　如图 1.1 所示,这些决策构成一个决策循环。这说明,在任何一个研究设计中,对后续过程的反思会引起更多思考,因此你或许会需要重新考虑先前的决策。设计是一个循环往复的过程。

　　其次,一个设计的验证在于,是否考虑到实施不同研究方法的优缺点,以及实施研究中可用的资源,这些所做的临时决策"确保已经获得的论据可以让我们尽可能明确地回答最初的问题"(de Vaus,2001:9)。当然,还可能会发生一些不可预测的事情,它们会影响特定设计的可行性,这也就需要在实施过程中重新思考。因此,从这个角度说,灵活性在研究中非常重要。

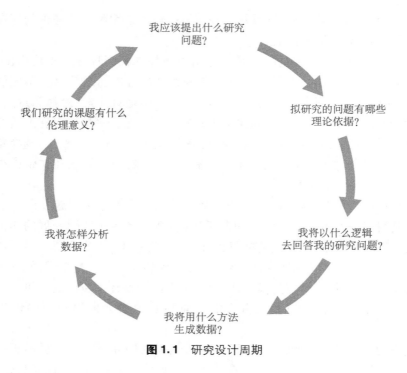

图1.1 研究设计周期

本书结构

本书的下一章探讨了一些核心问题,这些问题是在讨论"城市规划研究是否应该建立在解释自然科学研究的科学模型之上"时所提出的。这一章强调了对该模型的批判及随之在规划理论文献方面转向"后实证主义"思维:承认价值观有助于研究过程的形成;知识是社会构建的产物,而非实际观察所得;规划是政治性的,同时因为构建或概念化任何一项研究有不同的方法,因此规划研究也具有政治性;研究结果"充其量"只是暂时性的,人们对专家知识的有效性心存疑虑。如果此前人们曾一致认为规划研究应该是科学的,但是现在这一看法已经改变了。最后一部分探讨了支撑城市规划研究实践的不同假设,这些假设往往是隐含的,但却会对研究设计产生重要的影响。本章最后得出结论:尽管研究并不能提供确定性的知识,然而研究发现仍然对政策辩论具有一定作用,尽管不能决定这些辩论的结局。

第3章分析了政策问题与研究问题之间的关系。学术规划研究,包括学生的毕业论文,容易受到规划中不断变化的政治议题的驱动。开展某项研究的兴趣点、出发点可能源于当前的政策问题。但是,政策问题往往是复杂且带有争议性的,因此,可以用不同方式、不同论述及参照标准来解释规划问题(Fischer,2003)。对于那些从事研究的人来说,困难在于提炼出可以解答的问题,这些问题能够从广泛的政策辩论中构成毕业论文或者论文的基础。对一项精心设计的研究而言,实现这一目标是首要条件。本章探讨了政策问题和研究问题之间的差异,强调了提出正确问题的重要性,即提出"可研究的问题",这是设计一项研究必要(但不是充分)的基础。

一项精心设计的研究的第二个条件是,你所提出的研究问题理应是正当合理的。并不是所有的研究问题都是合理的。规划研究人员通常在其所发表的研究报告或论文的引言部分给出一些依据来论证研究的合理性,这些依据参考并引用了文献中的内容。第4章探讨了文献综述中依据的本质。有时候人们认为,开展研究及发布成果就是在研究领域内进行一场持续的"对话"。当然,任一研究领域内都可能存在着无穷无尽的"对话",并且任何研究都不可能同时进行几个"对话"。本章的论点是:一篇有效的文献综述提炼了一个学术观点,即为什么要就某一特定论题或问题进行深入研究。在这里,将会深入研究(应在文献综述中对之进行讨论)其中一个对话。在已经发表的作品中能看到的另一个依据是,此项研究结果将具有一定的现实意义。

一项精心设计的研究的第三个条件是,回答研究问题时要具有逻辑、依据、说服力。如上所述,研究设计中的所有决策本质上都与研究问题有关。但是,你所寻求的答案的本质,以及你在研究结束时所提出的主张,取决于你所拟定的研究问题的类型。有些研究问题需要一个描述性的答案;而另一些则需要一个解释性的答案。接下来的两章将探讨需要完成的前期工作,包括界定研究问题和选择研究案例(抽样)。第5章探讨了描述性的研究问题。特别强调了如何专注于你的研究问题,如何识别可能生成数据的(或者从某人那里获得)潜在数据源,以及可用的抽样策略。在这里,提出了一个问题,即你所研究的样本与更广泛的案例之间的关系问题。这就是研究人员谈及归纳其研究结论的其中一个意义(实证概括)。

第6章讨论解释性研究问题,以及如何解答这些问题。本章简化了一些通常较为复杂且与研究逻辑相关的哲学问题,着眼于解决研究问题的出发点以及你可能给出的答案的本质。对一项旨在回答"为什么"(解释性地)问题的研究而言,从两个不同的出发点来考虑可能会很有帮助。涵盖了前人研究成果的文献综述可能会使你清楚地了解到某件事情发生的起因。你可能会对有关"规划收益"的谈判产生兴趣,即规划者和开发商就开发商对与新开发有关的公共基础设施的投入进行协商。比如,为什么两个规划部门可能会采取不同的方式就规划收益的问题与开发商进行谈判？此时，你也许在文献综述中看到了 Bunnell (1995)的研究。Bunnell 在他所考察的案例中认为，从规划总监的态度中可以窥见采取不同方式的原因。在这里，你可以假设规划总监态度同样适用于你所感兴趣的案例，以此开始你的研究，这些假设可以得到你自己的研究证据的验证。这一出发点通常被说成是用演绎的方法来进行研究。但是，如果缺乏大量的前期研究，你可以从更开放性的问题入手，使你的选题具有归纳性。采用这种方法的规划研究人员可能希望对事情发生的原因保持一种开放的心态，并保留他们的结论，直到研究完成。无论从哪个角度出发，你就"为什么"这一问题所可能给出的答案的本质可以是指"原因"和"因果关系"，也可以是指"理解"，即去发现你所研究的情形中参与者们内心的想法。

第 7 章探讨了对一项精心设计的研究而言，一个好的研究方案需要具备的第四个条件，即提出恰当的数据生成方法。人们用数据"生成"而非数据"收集"这一术语来强调 Mason(1996)所提出的观点。Mason 认为，数据并不是躺在那里等待着中立的研究人员去收集的，而是由决策建构起来的，这些决策是关于如何"构建"一项选题（见第 2 章），使用何种理念以及如何界定的；还关于拟抽样案例和抽样方法。这一章描述了数据生成采用的方法，包括访谈法与问卷调查法、人种志与观察法，以及文献。

优秀的研究设计不仅需要考虑数据的生成，同时还要考虑如何来分析数据以得出研究结果。对数据分析的思考不能留到研究的后期阶段，即在数据生成以后才开始。数据分析是研究设计中的一个关键决策，应根据数据分析在帮助你回答研究问题中的作用来选择你要采用的数据分析类型。

第 8 章探讨了研究人员在分析定性和定量数据时所采用的一些不同的方法，这些方法基于对前文提及的已发表研究中的一些案例的分析。其目的并不是就如何使用特定技术提供详细的指导，而是要提醒你注意分析中所涉及的问题。

第 9 章着重探讨采取适当方法解决伦理问题的必要性。对于一些研究人员来说，价值观是一个关键问题，它影响研究问题的选择。哪些群体的利益决定所发现问题的本质？政策讨论往往会忽视妇女、穷人、残疾人以及少数民族。一些研究人员的兴趣在于强调要倾听他们的声音和观点，并且在某种程度上，为这些群体发声。传统的做法是接受这样一种观点，即价值观在确定研究选题和拟研究选题明确角度时具有重要作用（所谓的"价值中立"）。但是在研究过程中，研究人员唯一关心的是，揭示所研究选题的真相。那么城市规划从业人员的兴趣怎么样呢？他们的关注点应是那些指导规划研究，从而使研究是"相关的"的价值观念吗？有些人主张与实践保持密切的关系，而另一些人则希望保持距离以便使自己能够远离经常发生争议的政治问题，从而保护政治免受研究。除了制定研究框架之外,学生们须面对伦理问题的第二种方式是他们研究选题获得伦理认可的共同要求。在这里,规划研究中的伦理问题与社会科学中的伦理问题总的来说几乎相同,并且存在常被用以达到上述目的伦理实践准则。

最后一章讨论的是城市规划的跨国比较研究。近年来,学生们对比较规划研究的兴趣与日俱增。这部分得益于欧盟的发展及其所带来的机遇。欧盟发展为规划学科和欧洲各地学生之间的交流提供了机会。同时也得益于为跨国规划研究提供资金的欧洲区域合作计划和 ESPON 计划。此外,来自欧洲、美国和亚洲的规划研究人员在国际会议上会晤,交流不同国家和文化的规划经验。对比较规划产生研究兴趣的原因部分也来自对政策学习和国家间政策转移领域所产生的兴趣。第 10 章讨论了进行城市规划跨国比较研究的目的,并强调了在不同国家的"体制背景"下规划研究所面临的一些挑战,以及在设计和开展一项成功的研究时可能会面临的实际困难。

小结/核心观点

1. 总的来说,本章及本书的主要内容是,对你的研究进行规划对于你开展毕业论文工作来说是非常重要的,也就是说在开始论文写作前要先思考你的研究设计。

2. 在论文写作时,你应该花费约三分之一的时间来进行研究设计。

3. 精心策划或设计的研究需要做到:
   - 提前思考决定后续研究过程的关键性决策;
   - 根据你必须完成选题及毕业论文写作的时间来做出决策;
   - 支持这些决策的理论依据要清晰明了(尽管并不是每个人都会认同这些依据,因为在如何进行研究这一问题上存在着不同的看法)。

4. 通过以下几个问题来突出这些关键性决策:
   - 我应该提出怎样的研究问题?
   - 拟研究问题有哪些理论依据?
   - 我准备采用哪种方法来解答我的研究问题——描述法还是解释法?
   - 我准备采用什么方法来生成数据?
   - 我将如何分析这些数据?
   - 我是否考虑过我打算研究选题涉及的伦理问题? 这一选题能否获得伦理认可?

如果你对这些问题都能做出满意的回答，你就完成了一个精心设计的选题。

练习：论文的主题

　　如果你对所想要研究的选题没有任何初步设想，你就无法开始考虑你的研究及研究设计，因此尽早开始考虑这一问题是非常重要的。毕业论文的研究思路可以源自诸多方面。你可以看看你们院系以前的毕业论文，发现以往几届学生感兴趣选题的类型通常是政策问题。你可能就此能想出某个新颖的或原创的选题。但是在前人研究的基础上开展工作可能也会让你受益颇丰。你可能会试着从不同的视角去思考一个之前已经研究过的选题，或是用不同方法了解其研究范围。

　　你可以创造性地思考正在不同地方发生着的经济、社会或政治变迁的类型，以及目前规划中所涉及的各种问题或讨论。现在的选题来源包括规划文献、地方性或全国性报纸[他们往往对规划持批判态度（参见 Clifford，2006）]，以及一些课程中你所参与的课题、讲座或研讨会上所讨论过的"有趣的"规划问题等。你需要一个足够有趣的选题来激励你在漫长的工作期间持续进行研究。

　　开始撰写并思考你的毕业论文非常重要，即便你只花半小时来思考下面几点：

1. 写下你认为你将要研究的选题。（100 词）
2. 简短地解释你研究此选题的动机。（50 词）
3. 把这些发给你的导师，并约定时间与导师进行讨论。

拓展阅读

　　有许多文本讨论了研究设计问题，采用的方法与此处所用的不尽相同。例如，Blaikie(2000)有一章对研究开题报告和研究设计进行了区分。

Blaikie N，2000. Designing Social Research[M]. Cambridge：Polity.

Blaxter L，Hughes C，Tight M，2010. How to Research[M]. Maidenhead：Open University Press/McGraw Hill Education.

de Vaus D，2001. Research Design in Social Research[M]. London：Sage.

Gorard S，2013. Research Design：Creating Robust Approaches for the Social Sciences[M]. London：Sage.

Greener I, 2011. Designing Social Research[M]. London: Sage.

Hakim C, 2000. Research Design: Successful Designs for Social and Economic Research[M]. London: Routledge.

Hunt A, 2005. Your Research Project[M]. Abingdon: Routledge.

参考文献

Alasuutari P, Bickman L, Brannen J, 2008. Social Research in Changing Social Conditions [M]// Alasuutari P, Bickman L, Brannen J. The Sage Handbook of Social Research Methods. London: Sage: 1-8.

Blaikie N, 2000. Designing Social Research[M]. Cambridge: Polity.

Bunnell G, 1995. Planning Gain in Theory and Practice: Negotiation or Agreements in Cambridgeshire[J]. Progress in Planning, 44: 1-113.

Clifford B, 2006. Only a Town Planner Would Run a Toxic Pipe line Through a Recreational Area: Planners and Planning in the British Press[J]. Town Planning Review, 77(4): 423-435.

Cresswell J W, 2003. Research Design: Qualitative, Quantitative and Mixed Methods[M]. London: Sage.

de Vaus D, 2001. Research Design in Social Research[M]. London: Sage.

Fischer F, 2003. Reframing Public Policy: Discursive Politics and Deliberative Practices[M]. Oxford: Oxford University Press.

Gomm R, 2004. Social Research Methodology [M]. Basingstoke: Palgrave Macmillan.

Gorard S, 2013. Research Design: Creating Robust Approaches for the Social Sciences[M]. London: Sage.

Hakim C, 2000. Research Design: Successful Designs for Social and Economic Research[M]. London: Routledge.

Healey P, 2007. Urban Complexity and Spatial Strategy[M]. London: Routledge.

Krizek K, Forsyth A, Slotterback C S, 2009. Is There a Role for Evidence Based Practice in Urban Planning and Policy? [J]. Planning Theory & Practice, 10(4): 459-478.

Mason J, 1996. Qualitative Researching[M]. London: Sage.

Yin R, 1989. Case Study Research: Design and Methods[M]. London: Sage.

2

后实证主义和规划研究

─── 核心问题 ───

在自然科学领域,通常遵循哪种自然科学观?

规划理论家认为该研究模型可以为规划政策的论证做出哪些贡献?

随后又对这种观点提出了哪些批评?

在如今的规划研究人员中,我们又发现了哪些其他研究假设?

核心概念 🔑

实证主义;后实证主义;价值中立;框架;社会建构;解释主义;专家知识;范式;本体论;认识论;方法论;方法;控制;自然主义;生态效度;现实主义;素朴实在论

概述

本章首先讨论一种广为流行的科学观,正是这种观点支撑了实证主义,并且也对社会研究的性质、规划人员和规划学者进行研究的类型产生了影响。接下来,我将概述在此研究视角下所提出的部分主要批评意见。现在人们普遍认识到,在开始"做研究"或观察社会世界之前,你需要先假设社会世界是什么样子的,也就是说,社会世界是由什么构成的(本体论),人们对世界有何认识(认识论)以及如何去研究社会世界(方法论)。而最后一节讨论规划研究的一些实例,以及支撑这些研究的预设。

现代城市规划源自对 19 世纪工业城市的批判,并基于一种假设,这种假设认为人们可以有意识地重新设计城市,即使不理想,至少也可以创造一个更好的工作生活的地方。在战后时期,英美国家对于规划这项活动的看法,从把城市视为可进行重新设计的对象,转变成把规划看成为一般过程,而城市规划只是该过程中的一种类型。"规划要远比规划人员所认为的更普遍、更平常：对所有人、所有科学考察来说都是普通的；规划是一种普遍使用的方法，很大程度上独立于其应用领域。"(Chadwick，1971：xi)

就此而论，知识(特别是科学理论和知识)对城市规划者和规划学者非常重要。把城市规划看作是一种基于自然科学模式的科学活动——Sandercock (1998)认为这种思维方式植根于现代主义社会概念，而且这个概念本身就是启蒙运动的产物。在英国，越来越多的地理学者作为规划从业者和规划学者进入规划领域，与此同时，规划深受社会科学思想的影响且研究成为一项基本活动(Healey，1991)。

如果城市规划研究的科学基础曾经备受信赖，那如今这种情况已时过境迁。在20世纪末至21世纪初，关于科学本质的哲学观点发生重大变化；在如何进行社会研究方面，实证主义(被视为西方科学的主流观点)也遭到挑战。这两场变化影响了规划理论家的观点。简言之，这些变化引起了社会科学中所谓的"范式之争"，即在声誉扫地的实证主义社会研究观与试图取代它的对手范式之间发生的斗争。这在规划理论文献中以一种稍有变化的形式反映出来(见 Farthing，2000)，但是今天任何人看关于城市规划的学术文献都会从中发现一系列进行研究的方法。

一种普遍的科学观

虽然哲学家和社会科学家一直在争论自然科学的科学模型到底是什么，以及科学家应该如何去获取知识(认识论)。但是，我们将从一个影响规划思想家的观点开始，实际上，这一普遍的科学观强调科学的基础。Chalmers 说：

> 科学的基础应该是我们能够看到的，听到的和接触到的内容，而不是个人观点或想象。如果以谨慎的、毫无偏见的方式观察世界，那么以这种方式确立的事实将为科学构建既坚实又客观的基础。进一步说，如果我们从事实依据到构成科学知识的规律和理论的推理都是可靠的，那么由此产生的知识本身就可以视为是牢固的和客观的。(1999：1)

在最近的规划理论文献中，这种观点被定义为实证主义，即一种20世纪的科学哲学，虽然在文献中对实证主义的定性有一些变化，但这种科学观点一直是辩论最显著的目标和特征。这里着重强调引文中的三个主要思想。首先，科学所描述的世界可以直接由科学家观察到。其次，科学的基础(即事实)并非参照科学家的个人观点，而是通过无偏见的观察来确立的。所以科学家本人的价值观不会也不应参与观察的过程。基于此，科学家将其价值观与(观察所得)评论分开。人们认为科学是不受主观价值影响的或价值中立的,因此,所获得的知识也是客观的。科学对于价值观、世界应该是什么样子或规定性事项不予置评。科学论述的第三个重要方面是这些关于什么是知识,什么是真的,科学家为自然现象的行为提出的规律、理论和解释,都是基于对观察世界获得的证据(通常称为"实证调查")所做的推理或逻辑加工得到的。

还有一种概念认为,不论围绕什么主题,任何想要获得世界知识的尝试,都应该以科学的逻辑为基础,因此,这些科学观已运用于规划研究。

现在一些人认为,规划人员实际上没有花费大量时间研究其政策的影响(Reade,1987;Preece,1990;Fainstein,2005)或使用研究型证据来制定或证明其政策,尽管他们应该这样做。但是Schon(1983)和其他人认为,这种大学研究所产生的知识并不符合专业人士的需求,即使符合,专业实践也比直接应用科学成果更重要。

然而,近年来,已经有许多规划领域的作者都以一种更根本的方式质疑规划研究知识的中心地位。Goldstein和Carmin(2006)认为,规划是一门技术性学科,而不是科学性的学科,因此规划的学术研究重在实现某些环境和社会的目标,而不是研究和理论建设本身。其他人则形成了"西方科学主流传统"背后的哲学批判(实证主义)。如今,我们处于规划史的后实证主义(Allmendinger,2002)或后经验主义时期,在这一时期,我们发现,对研究人员声称的知识,人们持相当怀疑的态度,而且存在的挑战似乎会彻底颠覆实施研究的价值。在这一章,我将会阐释这些哲学上的挑战并且做出回应。

后实证主义

规划理论文献中对实证主义的批评挑战了流行的或想当然的主要研究观点。

—— 图框 2.1 ——

价值观和研究过程

1　研究的利益驱动
2　研究项目的目的、目标和设计
3　数据收集过程
4　数据解释
5　研究成果应用

来源:May(2001)

---

1. 价值观有助于研究过程的形成,不能排除在研究之外

这种批评大部分源于这样一种观念,即基于研究的理论知识已经提出,正如前文所述,这种知识是"客观"的,因为研究人员可以对事实采取冷静的态度。对这种观点的回应是,如果没有对你要探究的事物先验假设,及关于现实是由什么组成的假设,你将无从观察这个世界。这些就是所谓的本体论假设。由此可见,无论研究这个世界的是自然科学家还是社会科学家,对世界的描述都是基于某些预先的假设而不是"简单粗暴"的观察。但是,有人认为,当一位规划研究人员在研究这个世界时,其对某些情况可取性的看法,例如环境资源的使用、气候变化或社会不平等问题,必将会影响他们的研究。因此,第二项批评是关于价值在研究过程和研究结果中的地位。根据对科学本质的普遍看法,研究人员的价值观不会也不应该参与研究实施的过程,因此是价值中立的或价值无涉的。相反,Allmendinger 声称,"所有的理论或多或少都是规范性的,极具价值,并植根于社会和历史背景之中"(2002:89),因此所有的研究都包含主观因素。

一个研究人员可能持有的价值观与其所实施的研究之间是什么关系? May(2001)认为,价值观从五个阶段进入研究过程(见图框 2.1)。如果采用普遍接受的研究概念,强调科学家应该以一种开放的心态实施一项研究,那么,只需思考片刻就会知道,如果一个人对于应该要观察的事物没有预先的假设,就不可能知道要寻找什么,或从哪里开始,并且有待观察的事物的数量将是无穷无尽的。正如 Nagel(1961:486)所就承认的——在很久以前写过——所有的研究都必须具有可选择性,这几乎是一个不争的事实。

在研究的第一阶段,所确定的广泛的选题和较为具体的"问题"源自研究者的兴趣,或者如果是某一资助项目,则源自研究资助者的兴趣,例如各级政府(国家的、地区的和地方的)或私人机构。研究人员发现,一门学科的不同方面作为研究课题的灵感,或多或少都有吸引力。有些吸引力可能在于所发现的该主题的重要性。例如,一些研究人员可能会关注环境问题,并意识到"拯救星球"使其免于进一步的环境破坏的重要性。其他人可能会关注穷人和社会弱势群体的困境。因此,自己的价值观驱使他们重点研究这些问题。当然,这些问题既非所有人都关注,而且这些问题也并非是基于所有社会群体都能接受的价值观之上。当然,这种视角和观察的选择,以及价值观在这一过程中的作用,是对上述广泛持有的研究观点以及价值无涉简单研究概念的直接挑战。但是,这引起了另一场关于价值观对规划研究影响的讨论。

2. 规划研究是(具有)政治性的,因为任何一项研究的构建或概念化都有着不同的方式

除了广泛的关注或兴趣会影响研究人员对某些主题而不是其他主题进行研究以外,还有一个问题对拟研究选题的具体方面有更加详细的规定。实质上,这就是"形成研究框架"在这种情况下的含义。Schon 和 Rein(1994)将这个概念引入政策问题的研究中。

形成研究框架必然是一个选择性的过程。研究人员不能研究问题的每个方面,因此需要再次对重点进行筛选。Stretton(1978)用城市土地所有权问题来说明这点,这是我在这举的例子,也是历史上与规划相关的具有重大政治意义的话题,至少在英国是这样。而不同的调查人员可能想知道某个城市或国家的土地所有权结构是怎样的,以及为什么存在该结构。但研究人员进行调查的具体方面可能会有所不同。一些研究人员可能会关注那些目前在土地市场上活跃的人,关注激起这些人购买土地的想法,他们这样做的目的以及他们想要怎样处理这些土地。为什么一些土地拥有者"积极"地尝试开发他们的土地,而另一些却没有?另一些研究人员可能会关注法律条件如何影响土地使用和所有权的模式,管理土地所有者权利的条件,所有权转让的方式,所有者必须为所拥有的土地支付的税款,以及通过规划管理体系对土地使用的管理。还有些研究人员可能会考察历史变化与技术和经济组织对土地模式和土地利用的影响。在新马克思主义的影响下,还有研究人员可能想知道"受资本不平等的支配,半数人如何拥有所有的私人土地,如何实现租金的永久性流转,从贫困变得富有"(Stretton,1978:13)。

鼓励研究人员关注这种情况的不同方面——这有助于解释当前的土地所有权结构——可能是因为相关研究人员想要改变这种情况,因此可以说,研究人员不仅对目的,而且对实现目的的手段,都持有政治观点。当然,在研究过程结束时,在结果公布后(研究过程的第五阶段),那些带有政治目的的人很可能会把这一研究结论,即为什么存在特定的土地所有权结构,看作是有助于决定采取何种政治行动的,所以,一项研究结果一旦公布,政客们可能会援引这些结果来支持自己对政策的看法。那些反对这种观点的人可能会试图质疑这一研究的实施方法,或者有选择性地引用任何能支持其政治立场的报告(见 Sabatier 和 Jenkins-Smith,1999)。规划学者担心,有权势阶层可以设定政治辩论的条件,比如他们会讨论城市发展问题、研究框架的形成以及后续的设计问题。最近对规划领域中话语(以及在规划交际理论)的关注正是基于这一观点,也受到"人们遵循行动方案,却因为传播的扭曲效应与自身的最大利益相违背"这一观点的支持

(Fainstein，2005：124-125)。也正因此,该研究框架被认为是"具有政治性的"。

3. 知识是由社会建构的,而不是由观察到的事实提供的

一些规划学者和政策研究人员经过研究后得出结论:研究所产生的知识——不是如某种普遍的科学观认为的那样,是自然或社会世界冷静观察的结果——是"社会建构的"结果。这是关于社会研究视角最主要的见解,即解释主义。Fischer 阐述了该观点,认为其强调了上述所论的人类与自然界之间的差异:"虽然物体没有内在意义结构,然而人类却积极地建构其社会世界。为此,他们从物质和社会层面为事件和行为赋予意义。同样,人类经验隐藏于非物质的社会,文化和个人的思想意义领域。"同时,"最根本上,这是一种对透过不同的心理结构或世界观观察事物的方式,以及如何在不同的社会环境中解释和理解它们的探究。"(2003b：48)

至此,我认为,对实证主义的批判主要集中在研究主题或其研究主题不同方面的选择上,以及研究人员或赞助方的价值观决定了研究现实的哪一个方面。因此,任何调查一开始就深受文化价值观和兴趣的影响。在某种程度上,社会研究人员选择调查的问题,希望了解的社会现实,以及其认为是由研究结果所产生的知识,都是由研究实施的社会历史背景决定的。因此,例如,在规划研究人员和评论员的议程中,英国城市土地所有权问题有时比在其他时期都更为突出。此外,详细的研究设计是依照概念来进行的,这些概念有可能基于特定的理论著作或心理结构,它们将研究者的注意力引导到研究过程中要观察的具体事情上,以便理解或解释正在发生的事情。

随着对解释主义的讨论进一步深入,有人提出,任何一项研究的出发点必须是社会意义,或者行动者对其所处环境和所采取行动的理解。Fischer 说,"为了准确解释社会现象,调查者必须首先尝试从行动者的角度理解社会现象的含义。"(2003b：50)换句话说,在我们解释或理解人们的行为之前,我们需要知道人们自认为在做什么。

更为基本的实证主义批判与社会构建相联系,它旨在摧毁一种思想,即存在一个需要研究的现实。相反,它假定人们生活在多元社会现实中。因此,真理总是与观察或解释社会世界的特定方式有关,从而存在多个真理。这一论点的结论令人生疑,即一项研究的结果"不是那种'根据研究得出'的报告,而是产生特定版本现实的过程的一部分。"(Fischer 2003b：124)正如许多作者所指出的那样,这个论点不仅动摇了实证主义,而且也动摇了任何研究,因为研究的前提是存在一个可以调查得出真相的现实。

4. 质疑专家知识

因此,质疑对城市问题研究结果的信任的一个理由可能源于这样一种认识,即任何一项社会研究都必然是片面的且有价值的结构。委托完成此问题研究的人影响了随后研究的性质。此外,根据 Haas(1992)的术语学言论,一个专家团体,例如一个国家的规划人员,可以算是构成了"政策社群"或"知识社群"。"知识社群"的成员们将对困难以及合理的解决方案的定义达成共识,因此也可对任何情况下进行或提及的研究达成共识。这一观点可能不符合其他参与者在讨论规划和发展时的价值观。这是 Fischer 和 Healey 等作者最关心的问题。有人认为,规划研究人员应该偏护以下行为:承认观点的多样性;开展研究,从而为那些在政策辩论中观点被边缘化的人"发声"。

质疑专家知识的另一个原因也许与价值观对研究行为可能产生的影响有关,即对数据的收集及其说明(或分析)产生影响(上述过程中的第 3 和 4 阶段)。May(2001)表示,存在这种质疑也许是有依据的。例如,他列举了研究人员的压力:他们的研究得到赞助,研究结果就得符合赞助人的世界观及其利益。举一个我自己研究的例子,研究的是房屋协会(英国社会住房提供者)开发的一块土地。研究发现:在英格兰,房屋协会在 20 世纪 90 年代建造房屋的土地平均价格高于私营部门建筑商为自住业主建造住房的土地价格。对此的解释是:房屋协会通常会在住房需求强烈的城市地区建房,但城区土地价值较高,然而私人建筑商更可能在郊区建房。然而,这就引起了研究的赞助者——房地产公司的恐慌,因为公共支出的政治性,在昂贵的土地上建造社会住房会被视为非常浪费公共资金的,尤其是有人可能会声称那些正努力购买自己住房的人可能会通过税收系统来补贴社会住房租金。不仅研究结果会受到质疑,报告也得推迟公布,直到政治不那么敏感的阶段。

研究人员的压力不仅仅来自赞助商。有人可能会补充道,无论研究结果如何,研究人员本身都有自己偏爱的一套理论,因此他们可能不会放弃。这并非说研究人员会故意歪曲或编造证据来验证他们的理论或其赞助者的理论,但也不能否认,研究人员在进行研究时可能会受其价值观或他人价值观的影响。

5. 质疑研究结果的确定性

上文所强调的知识实证主义观点的第三个特征是,根据研究所得出的事实,通过逻辑推理过程获得,可以被看成是已经建立起来的知识体系。一种称为"归纳主义"的推理方法认为,我们拥有的证据越多,支持我们主张的研究越多,我们就越能确定我们的知识是安全可靠的。另一种"伪证主义"的观点认为,无论我们拥有多少证据,我们都不能确定我们对这个世界所持的观点是正确的,因为科学理论提出了公理,但是一个不符合该公理的实例就可以证伪。Chalmers 在回顾这些主张时指出,"有充分的理由可以说,基于事实,科学知识既不能被确凿地证实也不能被证伪"(1999:xxi)。因此研究结果总是存在错误并有待修订。对科学家实际工作方式的研究也表明,事实陈述或观察本身会受到批评和争议。一方面,一项研究可能没有设计好——可能存在缺陷——因此已经确定的事实也可能是存在问题的。但另一方面,有观点认为,任何一个是否接受任何一组新的事实的决定都是由一群科学家在"已知"事实的基础上做出的,而且任何一群科学家在任何时候对于什么被认可为真,有一个协商要素,可能是一个非常大的要素。Kuhn(1970)的研究对此很有影响力。因此,知识以一组科学家们所接受的一系列假设为基础。任何新的事实都在此背景下被评估。在实践中,面对新的事实,科学家们不愿意质疑这些关于世界的假设,相反,他们往往坚持既定的想法不放弃。他们试图否定新的事实,或者在现有的观念结构(或者 Kuhn 称之为"范式")中接纳它们。

在本章的下一节中,我们将探讨社会研究人员所做假设的性质。

研究中隐藏的假设:冰山模型

学术论文经常会描述作者在研究过程中用于收集或生成数据的方法,但往往很少花时间探讨为什么研究是以这种方式进行的。正如第 1 章所讨论的那样,决定使用何种方法只是研究设计所需的一系列决策中的一部分。我想说这种决定仅仅代表"冰山一角"(见图 2.1)。这项研究以大量假设为基础,它们隐藏在水位线之下,很少在研究论文中明确讨论。这些假设是基于哲学上的争论产生的,即什么样的事物被认为是存在的本质(本体论)和关于这些事物,我们可以知道一些什么(认识论)。我将利用 Blaikie(2000)的观点对这些概念进行更为详细的探讨。

本体论主张"关于社会现实本质的主张或假设,包括存在的事物、形状,单位构成以及这些元素之间的相互作用。简言之,本体论假设与我们认为构成社会现实的内容有关。"(Blaikie,2000:8)。例如,Healey 谈到了她在研究城市地区变化时所采用的制度主义方法。她的方法

反对社会世界是由独立个体构成的观点,每个人都为获得物质满足而坚持自己的喜好——新古典经济理论的应用。相反,它是基于社会构建的个人身份的概念。看待和认识世界的方式,以及其中的行为方式,可

以理解为与他人建立社会关系,并通过这些关系融入特定的社会环境中。通过这些环境特定地形和历史,态度和价值观得以建构。正是在这些关系背景下,参考框架和意义系统才能够发展(1997:55-56)。

在此,她对比了两套本体论假设。一个涉及她所反对的"独立个体"和"偏好"。她假设的社会世界是不同的,它仍然包含着个人,但他们没有"偏好"。他们有"看待和认识世界的方式",在特定社会背景下,他们在"与他人的社会关系"中形成了"态度和价值观"。

本体论的假设是在冰山的底部,远低于水位线。在这些假设之上是关于认识论的假设。Blaikie提出的认识论"指的是对有可能获得社会现实知识的途径的主张或假设,无论它是怎么被理解的"(2000:8)。一种认识论观点认为,研究自然世界和社会世界的方式没有明显区别,所以科学方法同样适用于两者。这种观点被认为是实证主义的基础之一(Halfpenny,2001)。反过来,许多规划作者(Moore-Milroy,1991;Allmendinger,2002;Fischer,2003a;Healey,2007)也认为,科学研究是基于对社会世界因果关系的研究。另一种形成鲜明对比的认识论则认为,社会世界存在一些不同之处,人们拥有意识并能仔细思考他们的处境。他们的确能理解其生活的世界,所以社会研究需要特别关注人们理解并赋予其行为意义的方式,而不是对这些理解做出假设。这种观点通常被称为解释主义,上面已经介绍过。

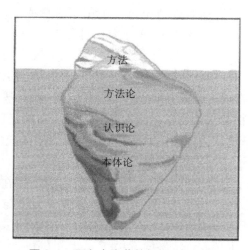

图2.1　研究中隐藏的假设:冰山模型

尽管Healey将规划所涉及的社会世界看作是由对现实性质持有不同解释或不同观点的个人和团体组成的世界,但是在我看来,她并没有将这种观点应用于她自己的研究实践。例如,她基于现实主义的本体论假设,对城市地区的空间策略进行的研究(Healey,2007)。她试图表现她所研究的空间策略制定过程的真实性,尽管这必然是对现实的选择性观点,而且会受到她的"制度主义"方法的影响。她也没有否认因果关系对社会世界研究的适用性,因为她陈述了在治理现象发展过程中能动性和结构影响的因果关系。

方法论是冰山的第三层,是关于"研究应该如何进行的一种理论和分析"(Harding,1987:2,引自 Carter 和 Little,2007)。它是指研究是如何进行的,该如何进行讨论,以及对研究方法的批判性分析。它还探讨:

> 探索的逻辑,新知识是如何产生和证实的逻辑。这包括对理论是如何形成和被验证的思考——该运用什么逻辑?什么理论?这一理论应符合什么标准?这一理论如何与一个特定的研究问题相关联?这一理论该如何被验证?(Blaikie,2000:8)

通过对比那些关注"控制"的研究人员,以及关注社会研究中"自然主义"的研究人员,可以总结出一套方法论的理论。如果要评估因果关系,控制就很重要,因为在任何情况下,研究者感兴趣研究的任何影响都有许多可能的原因。研究人员通常会在众多可能存在的原因中挑出一个特定原因的影响。在设计研究时,了解以往研究人员如何撰写研究过程和目标是非常有用的。

活动 2.1
研究设计中的"控制"概念

请阅读以下摘录并注意本研究设计是如何诠释控制的概念的。

3. 进入区域效应辩论:研究设计

> 我们研究英国背景下区域效应的存在及其重要性的方法是,通过家庭调查对比贫困社区和社会混居社区两组居民的生活经历。我们选这种方法的原因是,其解决了中心问题,即穷人在贫困区的生活是否会比在社会混居区更糟糕。通过选择位于同一城市的两个相邻社区,我们能够保持图 2 所示的情境因素不变。更进一步相关的是格拉斯哥和爱丁堡经济地位的鲜明对比,格拉斯哥仍在努力从工业衰退中恢复其经济地位,而爱丁堡的经济则以服务业为主导且拥有更高的就业率。在每个城市,根据修订后的苏格兰贫困指数、人口普查指标和地区分类,我们选择一个普遍贫

困的社区和一个"典型"混居社区。两个贫困社区都是地方政府所
属地产,位于苏格兰最贫困的 5% 的地区。在过去十年,它们都受
到了一系列基于地区的方案的影响:目前这两个社区都受社会包
容伙伴关系的影响——这是苏格兰最主要的基于地区的方案。与
贫困地区相匹配的混居社区的挑选是基于,这些混居社区包含了
更广泛的社会和土地保有基础。我们还选择了混居程度更高的社
区,原因是它们代表了潜在的模板或对贫困社区的预测;应用于贫
困地区的政策正在努力达到在混居地区更常见的社会融合水平。
最后,我们通过比较相对混合和贫困的地区梳理出了哪些是地点
效应,哪些可能与主要解释立场更加密切相关,如特定社会或土地
保有小组的身份。

来源:Atkinson 和 Kintrea(2001:2280-2282)

　　活动 2.1 请你阅读论文的一部分,这部分中对研究设计的讨论表明,研究人员有兴趣确认目标并关注控制问题。该文章作者是 Atkinson 和 Kintrea(2001)。论文主要研究"区域效应"。城市规划者不仅对城市部分地区的物质特征感兴趣,而且对其社会特征也感兴趣。一直以来都有许多观点赞成支持在当地或社区内进行社会融合,但本文的关注点主要在于一个地区穷人或贫困人口的集中是否会对居住在那里的人们的生活有不利影响,以及这种影响是否会超过贫穷本身对居民生活的影响。Atkinson 和 Kintrea(2001:2278)将区域效应定义为"对区域效应的研究就是尝试思考如果人们生活或者成长在不同类型的地区,生活机遇和机会是否会有所不同。我们将区域效应定义为生活在这一地区而不是另一个地区对生活机遇产生的净变"。图 2.2 显示了一个高度简化的因素图,这些因素均可能会影响一个城市中某个特定社区的居民生活,其中社会融合只是影响居民生活的众多因素之一。图中的方框代表可能影响居民生活机遇和机会的因素,箭头代表因素之间关系的方向。例如,社区住宅的保有期会影响居住在附近的社会群体,是基于如下理论:居民对房屋所拥有的不同保有期(业主占有与社会住房相比)取决于其收入和住房支付能力,且常常在社会住房区发现更为贫困的人。由于这两个群体的收入差异,其生活机遇和机会有所不同。由此,一个社区中房屋保有期混杂也将会影响其社会融合,而社区融合会对生活机遇产生独立的影响。

　　作者对于研究设计中控制的重视体现在,他们在文中对于许多影响邻里关系的背景因素都保持不变的这种方式。在讨论中,他们清晰地比较了相对混合

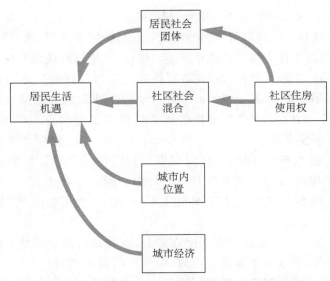

图 2.2 可能影响城市社区居民生活机遇的因素简化图

地区和贫困地区,从而能够"梳理出"生活在某个特定地方的影响(与属于特定社会或土地拥有群体的影响相比较)。本文的语言与讨论实验方法所使用的语言有密切关系。

社会研究中的"自然主义"认为:

> 社会研究的目的是捕捉人类自然发生行为的特征,而且这只能通过亲自接触才能捕捉到,而不能通过人为设定场景(比如实验)推断出来,也不能从他们在访谈中谈到的他们在别处所做之事中推断出来。(Hammersley,1990:7)。

那些受"自然主义"影响的研究得到了有时被称作"反应性"的关注——研究者对研究人员以及所运用的研究技术的反应。如果有强烈的反应,就会对生成的数据的质量产生疑问。自然主义是一种方法论,即社会研究应该尽可能在正常或自然的情况下进行,那么人们就会在日常生活的环境中以正常或习惯的方式行事和说话,在这些情况下他们表达的观点也很典型。如果研究中存在这种情况,那么它则具有有时被称为的"生态效度"。这种观点认为,试图过于紧密控制情况的研究方法有扭曲人类行为以及人们观点表达的风险,因此缺乏生态效度。在某些情况下,研究过程对行为没有影响。人们可以偷偷观察正在发生的事情(即使这会引起道德关注),或者使用与行为和事件有关的文档或现有记录(有时称为"不张扬的方法")。

在 Underwood(1980)的著作中可以找到这种方法论的例子。她对伦敦自治市镇(哈林盖)规划人员对自身角色的看法,以及这些"看法、概念、理论和意识形态"是如何在日常工作中付诸实践感兴趣。她认为,进行此类研究的最佳方式是"与人们一起构思想法。研究人员也有可能通过积极寻找有关人员的描述来核实所观察到的事件的含义"(1980:195)。她把这种研究方法描述为参与观察法,她认为这个方法的价值"在于其解释立场强调了被研究主体的'语言',以及理解他们所看到的世界的'语言'"(1980:196)。她还证明,"通过关注个人描述事件和问题的方式,研究人员可以发现规范性的规则,并达成共识,以构建一个社会建构的'现实'图景"(1980:198)。通过这种方式,她可以避免发生将个人想法强加于规划之上而导致其错过"研究者所追求的概念"的情况(1980:195)。

意识到在此情形下她的存在的潜在影响,以及这可能会影响人们的言行方式,Underwood 打算在开始实地工作时,扮演部门新人的角色,了解部门的工作关系,以便她有可能在那里担任规划人员。这也包括与各种各样的人一起享用咖啡和午餐,以便知道"小道消息"。通过这种方式,她希望完全是"司空见惯"地参加会议和讨论,而不影响他人的所言所行,尽管她承认有些人仍然觉得她的存在的困扰,而且随着时间的推移,她也发现很难在讨论中保持一种不干扰立场,因为人们期望她"提出某些观点以换取信任"(1980:200)。

一种不同的方法论介绍了 Burgess 等人(1988)所进行的研究设计。活动2.2邀请您阅读他们论文的一部分,其中讨论了他们开展深入讨论小组的方法。他们的文章关注的主题是:城市开放绿色空间的重要性,城市规划者的长期聚焦点,以及对城市居民生活质量的贡献,以及如何管理这些开放空间。其更具体的关注点在于人们对开放空间的态度和价值观。他们宣称对开展研究的方式感兴趣,这种研究"对那些意见很少被听到的人的语言、观念和信仰具有敏感性"(Burgess 等,1988:456)。该项目分为三个阶段。第一个是四个"深入讨论小组",与伦敦格林尼治区各地居民进行了讨论。不同地区有不同的社会经济和族裔特性,以及住房类型和可提供的开放空间。第二阶段是"基于社区的社会调查","旨在探讨更广泛的社区群体提出的一些问题"。最后阶段涉及与规划人员,以及与地方政府的休闲服务部门专业人士进行面谈。

活动 2.2
格林尼治开放空间项目

阅读下面的摘录。研究人员为这种方法提出的主要主张是什么?

a) 小组。我们采用小组分析心理疗法的原则和实践,开展了四个深入讨论小组,聚焦开放空间在人们日常生活中的重要性。成员从格林尼治区的不同社区招募……

通过使用小型、深入的讨论小组来探索环境价值的这一决定,一方面是基于对现有方法的不满,另一方面是基于我们个人参与由训练有素的集体分析师领导的咨询和工作小组,可以从团体分析中获得研究成果类型更为积极的评估。Burgess 还有与学生会员一起实施这些小组的经验。群体分析特别有价值,因为它基于对个人和集体心理过程的理解,并创造了一个环境,让人们能坦诚和公开地谈论他们的感受。总之:群体分析的核心原则中,有三个尤其重要。第一,随着时间的推移,这个小组提出了共同经历组矩阵,这些经历作为共同的记忆,把人们联系在一起。第二,人们把自己的关注点带到讨论中,并通过自由联想,开始接触到他们更深层次的感受和关注。第三,小组成员之间的沟通表达了双方的显性含义和潜在含义,即正在讨论主题的具体细节以及小组成员的无意识投射和转换[参见 Burgess 等(1988)对 Eltham 群体生活的小组-分析解释]。

领导这些小组的模式对他们的成功至关重要。领导者为其成员提供一个安全、无威胁和支撑结构,从而能让他们探索、分享和交流他们各自的经历和感受。在社会研究而不是心理治疗的环境下,成员必须明白,他们参与的工作组有明确的任务,治疗要求和需求不会成为该小组的明显焦点。领导者必须发挥积极作用,监督每个成员和整个小组的贡献,但不要通过直接提问或指导谈话流程不断干预讨论。在开放空间项目中,每个小组每隔六周举行一个半小时的晚间会议。这些小组由 Burgess 带领并由 Limb 担任参与者和观察员。为了确定各小组的工作方向,成员们需要在每次会议结束后考虑接下来一周的主题。这提供了一种最初打破僵局的方法,如果讨论偏离太远或者停滞不前,领导者也能把他们带回正轨。这六个主题如下:第一周从成员的介绍以及对该地区开放空间的初步讨论开始。第二周和第三周讨论"我喜欢的地方"和"我不喜欢的地方"。第四周,当时成员们相处很融洽并且能够分享更亲密感受时,便开始回忆童年的地方。在第五周,认识到小组即将结束,该小组重点关注一个更"公共"的主题,并讨论开放空间的管理问题。在最后一次会议上，鼓励成员回顾他们在小组的经历并互道再见。在该组成员的许可下，所有的会议被录音，然后由 Limb 和 Burgess 转写成文字。解释讨论录音转写成文字的基本原则包括解释的集体责任，以及各个工作阶段持续的交叉参照：在转写的准备中；指标体系的建构；小组成员有选择性的或共同持有的主题解释；在报告和论文的撰写阶段。

来源：Burgess 等，(1988：456-458)。

此处我的兴趣在于他们采用深入讨论小组的理由。研究人员采用小组分析理论作为方法论指导，不仅在深入讨论小组的运用上，也在对这项工作结果的解释上。这源于对现有方法的根本不满，以及"可从小组分析中获得对研究结果更积极的评价"(1988：459)。这里的主要观点似乎是，扩展的互动过程(六个晚上的一个半小时的讨论)创造了一个"人们能够坦率和公开地谈论他们的感受"的环境，这在访谈调查中是不可能的。例如，访谈中的问题必须很快地回答和人们可能会谨慎地讨论他们更深的感受。它还与一种观点形成了对比，即研究需要在尽可能正常和自然的环境中进行，以了解人们的感受和关注。与 Underwood 所观察到的规划者工作小组不同，这些小组绝不可能被看作是自然存在的，或正常生活或日常生活的一部分。这些小组是由研究人员设立的，尽管一些参与者可能通过小组招募的方式在会议之前彼此认识。有趣的是，他们认识到并非所有的开放空间研究者都接受他们的方法论观点。他们引用了 Burgess 等人(1990)论文中 Goldsmith 的观点，Goldsmith 将小组访谈视为"与环境价值不相关、不具代表性，不易受到严格分析的影响"。

冰山的最后一层是顶层，即研究的方法。这些是用来收集数据的工具和技术，这些数据分析为研究人员所掌握的知识提供证据和主张。这些通常是任何关于城市规划的论文中最"明显"的部分，也是大多数学生所熟悉的。研究人员可能会针对这些方法进行一些详细的研究。在我们研究的论文中，Atkinson 和 Kintrea(2001)使用了家庭调查的方式，其对象是户主以及/或者他们的伴侣。Underwood(1980)观察规划人员在日常工作中所做的事、在会议上的发言，以及与规划部门的成员进行的正式和非正式访谈。最后，Burgess 等人(1988)采用了由研究人员引导和推动的深入讨论小组。

结论

　　如今,许多规划学者对研究在支持政策发展中的作用感到失望。所期望的理性规划模型的支撑知识确定性已经被研究结果价值巨大的不确定性所取代。一种回应是放弃专家研究,并鼓励在政策方面有不同观点的群体之间开展对话(规划交际理论),以创建一个共享的世界社会建构。另一种回应是,既然我们没有办法独立地评估现实的本质,我们所能做的仅仅是提供我们自己的描述和叙述,而不涉及任何关于这些与现实之间关系的看法。

　　如今,很少有规划学者乐于被称为实证主义者,但许多人仍然相信研究和进行研究的重要性。这是我自己的观点。特别是,仅仅因为我们承认,在很多重要方面,人们生活的社会现实是社会建构的,这并不是说不存在独立的现实。在这一章前面引用了 Fischer 的观点来支持知识的社会建构观点,他坚持认为"这并不是说没有真正的独立于调查人员的调查对象"(Fischer,2003a:217)。事实上,他"接受了所谓的'现实'的存在"(Fischer,2003b:121,脚注 2),但这是一个永远无法被完全理解或解释的现实。这种关于现实本质的观点是一个重要的本体论假设。尽管实证主义与这样一种观点有联系,即通过对世界进行仔细观察和测量,我们可以直接获得现实,Hammersley(1990)称之为素朴实在论,但 Fischer 的观点是一种更微妙的现实主义。根据这一观点,存在着一个现实,它独立于任何试图去发现它的尝试(本体论现实主义),但是我们对现实的描述必须通过我们的心理框架和我们用来描述和解释世界的概念来过滤(认识论相对主义)。因此,我们的研究结果被暂时提出来作为对社会世界的认识。任何一项研究都是对政策辩论的贡献,但基于价值观和事实的假设都是值得商榷的。但这并不意味着所有被各小组用来支持他们论点的知识(研究证据)都同样是可以接受的,以及我们应该不加批判地接受"多重认识论"(Sandercock,1998)。

小结/核心观点

在社会研究和城市规划中,哲学问题和观点越来越重要,这导致研究人员对作为研究基础的某些基本假设提出了多种观点。对任何着手城市规划论文研究的人员来说,主要经验是:

1. 为了进行研究,你必须首先假设有一个可以调查的"真实"现实。
2. 你对这个问题的兴趣很可能来自你的价值观,这让你认为这个话题很重要,并且涉及一些需要解决的问题情景。

3. 任何你所从事的研究都必须是从那些你拟调查的现象中挑选出来的，所以在这个意义上所有的研究都有片面性。你对社会世界的看法和描述将受到某些观念、范畴、概念或理论显性或隐性的影响，它们告诉你社会世界是由什么组成的（个体、阶层、实践、感觉、规范性规则、话语、制度等等）。

4. 你必须判断研究你感兴趣的问题中的因果关系是否合理，或者社会世界是否有什么独特之处，这意味着需要一种不同的方法，这种方法关注社会意义以及对世界的诠释。

5. 你必须决定如何去开展你的研究（方法论）。这些不同的方法论理论（有时称为数据理论）对于研究设计以及你所使用的特定研究方法所得结果的解释具有重要影响。

练习：研究中的核心概念

- 关于本体论、认识论和方法论，以及三者联系的有益讨论可以参
见 Grix J，2002.Introducing Students to the Generic Terminology of Social Research[J]. Politics，22(3)：175-186.
- 阅读 Grix(2002)的文章，其中给出了一些在社会研究者中发现的不同的本体论观点（被称为"客观主义"和"建构主义"）和认识论观点（被称为"实证主义"和"解释主义"）的例子。
- 在思考自己的研究时，你认为哪种观点最具说服力？

拓展阅读

改变对规划本质的看法，包括对理性规划模型的考虑，见 Taylor N，1998. Urban Planning Theory Since 1945[M]. London：Sage.

Chalmers A，1999. What Is This Thing Called Science?[M]. Buckingham：Open University Press 是对科学哲学的很好介绍。

关于自然科学方法的实证主义解释及其在社会科学中的应用，见 Halfpenny P，2001. Positivism in the Twentieth Century [M]//Ritter G，Smart B. Handbook of Social Theory. London：Sage：371-385.

关于价值观在社会研究中的作用和价值中立，见 Hammersley M，1995. The Politics of Social Research[M]. London：Sage. 和 May T，2001. Social Research[M]. 3rd ed. Buckingham：Open University Press.

讨论了研究框架的构思，见 Schon D，Rein M，1994. Frame Reflection：Towards the Resolution of Intractable Policy Controversies[M]. New York：Basic Books.

阐述了不同的本体论、认识论和方法论立场如何与你可能提出的问题和你可能使用的方法相结合的一本书为 Greener I，2011. Designing Social Research[M]. London：Sage.

参考文献

Allmendinger P，2002. Towards a Post-Positivist Typology of Planning Theory[J]. Planning Theory，1(1)：77-99.

Atkinson，R，Kintrea K，2001. Disentangling Area Effects：Evidence from Deprived and Non-deprived Neighbourhoods[J]. Urban Studies，38(12)：2277-2298.

Blaikie N，2000. Designing Social Research[M]. Cambridge：Polity.

Burgess J，Harrison C M，Limb M，1988. People，Parks and the Urban Green：A Study of Popular Meanings and Values for Open Spaces in the City[J]. Urban Studies，25：455-473.

Burgess J，Goldsmith B，Harrison C，1990. Pale Shadows for Policy：Reflections on the Greenwich Open Space Project[J]. Studies in Qualitative Methodology，2：141-167.

Carter S M，Little M，2007. Justifying Knowledge，Justifying Method，Taking Action：Epistemologies，Methodologies，and Methods in Qualitative Research[J]. Qualitative Health Research，17(10)：1316-1328.

Chadwick G，1971. A Systems View of Planning[M]. Oxford：Pergamon.

Chalmers A，1999. What Is This Thing Called Science? [M]. Buckingham：Open University Press.

Fainstein S S，2005. Planning Theory and the City[M]. Journal of Planning Education and Research 25：121-130.

Farthing S M，2000. Town planning theory and the "paradigm wars" in the social sciences[C]. Paper Presented at the Planning Research Conference at the London School of Economics, London.

Fischer F, 2003a. Beyond Empiricism: Policy Analysis as Deliberative Practice [M]// Hajer M A, Wagenaar H. Deliberative Policy Analysis. Cambridge: Cambridge University Press: 209-227.

Fischer F, 2003b. Reframing Public Policy: Discursive Politics and Deliberative Practices[M]. Oxford: Oxford University Press.

Goldstein H A, Carmin J, 2006. Compact, Diffuse, or Would-be Discipline? Assessing Cohesion in Planning Scholarship, 1963—2002[J]. Journal of Planning Education and Research, 26: 66-79.

Haas P M, 1992. Introduction: Epistemic Communities and International Policy Coordination[J]. International Organization, 46: 1-35.

Halfpenny P, 2001. Positivism in the Twentieth Century[M]//Ritter G, Smart B. Handbook of Social Theory. London: Sage: 371-385.

Hammersley M, 1990. Reading Ethnographic Research: A Critical Guide[M]. London: Longman.

Harding S, 1987. Introduction: Is there a Feminist Method?[M]//Harding S. Feminism and Methodology: Social Science Issues. Bloomington: University of Indiana Press.

Healey P, 1991. Researching Planning Practice[J]. Town Planning Review, 62 (4): 447-459.

Healey P, 1997. Collaborative Planning[M]. London: Macmillan.

Healey P, 2007. Urban Complexity and Spatial Strategy[M]. London: Routledge.

Kuhn T S, 1970. The Structure of Scientific Revolutions[M]. Chicago: University of Chicago Press.

May T, 2001. Social Research[M]. 3rd ed. Buckingham: Open University Press.

Moore-Milroy B, 1991. Into Postmodern Weightlessness[J]. Journal of Planning Education and Research, 10(3): 181-187.

Nagel E, 1961. The Structure of Science[M]. London: Routledge and Kegan Paul.

Preece R, 1990. Development Control Studies: Scientific Method and Policy Analysis[J]. Town Planning Review, 61: 59-74.

Reade E, 1987. British Town and Country Planning[M]. Milton Keynes: Open

University Press.

Sabatier P A, Jenkins-Smith H C, 1999. The Advocacy Coalition Framework: An Assessment [M]//Sabatier P A. Theories of the Policy Process. Oxford: Westview Press: 117-166.

Sandercock L, 1998. Towards Cosmopolis: Planning for Multicultural Cities [M]. Chichester: Wiley.

Schon D A, 1983. The Reflective Practitioner: How Professionals Think in Action[M]. New York: Basic Books.

Schon D, Rein M, 1994. Frame Reflection: Towards the Resolution of Intractable Policy Controversies[M]. New York: Basic Books.

Stretton H, 1978. Urban Planning in Rich and Poor Countries[M]. Cambridge: Cambridge University Press.

Underwood J, 1980. Town Planners in Search of a Role: a Participant Observation Study of Local Planners in a London Borough[R]. School for Advanced Urban Studies, Bristol: Occasional paper No. 6.

3

政策问题与研究问题

—— 核心问题 ————————————————————————

规划属于哪种学科类型？

规划政策辩论中发现了哪些类型的知识主张？

研究问题是什么？其与知识主张有何关系？

我该如何从已发表的研究中发现研究问题？

我该如何从最初的想法中提炼有用的问题？

核心概念 🔑

描述；解释；理解；预测；评估；对策；假设；理论

概述

　　我在本章中的论点是，开展一个可能带来价值的项目，其首要条件是，有一个"可研究"的问题。这绝对是必不可少的，因为根据定义，研究设计的目的是，在可用于任何项目的资源范围内，为已经提出的研究问题尽可能提供最好的答案，所以为了设计和进行某些研究，你必须有一个研究问题。但是，你们许多人在撰写论文时，可能首先会考虑当前的某些政策问题，而不是提出问题，并且希望实施某种给政策带来改变或改进的研究。因为规划作为一门学科的本质和它的专业实践方向，我认为这个出发点是可以理解的，但是有必要对规划政策的辩论进行解构，从而提出一个可研究的问题。为此，本章将探讨这些政策辩论中所包含的观点和知识主张的类型。这些知识主张很重要，因为它们可以回答两类研究问题：描述性问题（发生了什么？）和解释性问题（为什么会发生？）。因此，如果论文的主题是一个政策问题，则需要确定这个问题的类型之一，以帮助指导你的研究。我认为他们回答问题的顺序应该有一个逻辑。在了解事情发生的原因之前,你需要知道发生了什么。在提出任何改变政策的建议之前,都应该弄清发生了什么事情(问题是什么),为什么发生,以及做些什么可能有助于解决问题。这就是为什么在决定研究问题的时候,你还需要考虑该主题的现有文献的主要原因之一。之前已经解决了哪些研究问题? 是否需要进一步研究? 这是第 4 章的主题。

如果研究问题对整个研究计划来说如此重要,那么对任何已发表的研究问"它是什么研究问题的答案?"都是合理的。随后继续评估它。出于这个原因,能够在其他人的工作中发现研究问题,并将他们归类为"是什么"和"为什么"的问题,这是非常重要的。同时,我还探讨研究问题、假设和理论之间的关系。最后,我列举学生可能就毕业论文提出的一些看法,以及这些想法如何变成可回答的研究问题。

规划属于什么学科?

我们在第 2 章简要讨论了规划作为一门学科的本质。在此,我们更深入地研究该问题,以此了解规划研究者在其研究中解决的议题及问题的影响。Becher 和 Trowler(2001)对一系列学科进行了研究。他们用"学术部落"和其"领地"作为比喻,认为领地是由"知识体"、"领域"或"学科"构成的。他们所使用的纯学术学科和应用学科之间的区别是众所周知的,纯学术学科关注"纯粹"理论的发展,而应用学科则致力于将知识应用于政策和实践环境中的问题。城市规划作为一门学科,虽然不是他们研究的主题,但在这些术语中,它可以归类到应用学科中去。Goldstein 和 Carmin(2006)对科学学科和技术学科的区分相当类似。他们说,科学学科关注的是对世界的解释,即理论,但规划是一门技术学科,其目标往往是实用的,其成果是"设计、方法、技术、工具、程序、制度和政策",因此在某些情况下才需要解释性研究。我认为这低估了理论或解释性研究在规划中的重要性(我们将在本章其余部分了解到),但确实很多规划学者对政策和实践及其改进非常关注,并且许多研究都是由规划政策及其变化引起的。许多论文的出发点也经常是政策议题或政策问题。政策问题涉及广泛的政策利益,而其最主要的利益是具有规范性的:应该做些什么? 一些规划学者乐于"旗帜鲜明",在当前的辩论中采用明确的价值立场,清晰地指出应该认可哪些价值观,以及规划政策应该如何实现规划政策与这些价值观统一的目标。在这里,我采用了新韦伯(neo-Weberian)的观点,我认为规划研究人员不应该试图用其研究来让人们相信其价值观的正确性,尽管他们可以推动关于如何实现具有某些价值的目标的辩论。这将在第 9 章中进一步讨论。

规划政策辩论会采用哪些论点？

方案，计划报告或政策文件，通常旨在让那些阅读并考察其内容的人相信，现在提出的政策是符合现状的。因此它引发了一场有关为什么必须进行改变的争论。这些文件和以政策为主题的辩论提出了哪些知识主张？

思考该问题的一个有效的方法是改编 Rydin(2007)提出的类型学，但以城市工作组的报告(1999)为例。该报告描述了 20 世纪末英格兰 Rydin 所称的"当前状态"，并提出了许多主张。这里我只讨论其中一个主要的主张。该主张声称人们已经离开或"逃离"了城市，这导致了农村土地的流失，而且"我们所认为的与农村相联系的特点——野生生物、宁静和美丽——正遭受严重破坏"(城市工作组(Urban Task Force)，1999：36)。为什么会这样呢？报告称，一部分原因是，这次逃离城市反映了人们对这座城市的态度是不同于其他欧洲国家的。这种态度源自英国工业化和城市化的历史，而工业化和城市化的进程与污染的产生和城市居民恶劣的住房条件也有关。这在一定程度上也与目前城市作为居住地缺乏吸引力有关，比如"最糟糕的社会住房"和"大面积的工业废弃物"(1999：27)。

就知识主张而言，目前融合了描述性主张和解释性主张。例如"不断有人离开这座城市"的描述性主张，和为什么会发生这种情况的解释性的主张。这个解释涉及关于影响城市态度和城市缺乏吸引力的两个直接因素，以及影响当前态度的长远因素——英国城市发展的历史。

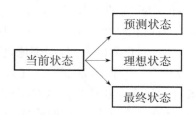

图 3.1　规划辩论中的知识主张(来源：基于 Rydin，2007)

该报告还预测了未来——预测状态——如果对问题不采取任何行动，未来会变成什么样子。它预测了 2021 年将出现的家庭数量，预测表明届时将会新增 380 万个有住房需求的家庭。报告还称："如果我们要在现在的平均密度水平上新建 380 万套新住宅以促进新发展，它们覆盖的面积将会大于大伦敦的面积。"但问题不仅仅在于失去用来建造新住房的土地。"不可持续发展形式的影响更为广泛。这意味着道路交通更拥挤，能源被更多使用，自然资源的进一步枯竭，宁静的地区越来越少，生物多样性的丧失，空气污染和社会两极分化的加剧。"

(城市工作组,1999:46)这里我们有两个主要的预测性的说法:如果目前的趋势持续下去,那么家庭数量将增加,新住房将需要大量土地。上面的句子包含"暗示"这个词,这个词在文中与预测为同义词。有七个关于"不可持续"发展形式的预测(在本文中指,在城市之外建新的住房)。如果解释试图使某些现状或近况、事件或趋势,没那么令人困惑,从而容易理解,预测将参照现况或将来的情况对该情况的影响及后果发表声明。该报告做出预测的依据是城外建造导致了最近野生动植物、宁静和美丽的丧失。因此,如果我们继续按照这种方式进行建造,这些不良后果将继续。如果关于一种现象的解释可以反过来,正如它通过结果找出原因一样,那么通过原因也可预测后果。

在描述现况和预测未来的情况时,作者谈到野生动植物、宁静与美丽的丧失,而这些正是我们认为常常与农村相联系的特质。他还谈到城市以外的发展是一种"不可持续"发展形式。如我们第2章中所看到的,这些物理发展的结果的选择最起码是与他们的价值观相关的。报告的作者可能想说明这些预测只是描述未来可能是什么样的,或许否认了他们在这样的描述里掺杂了个人价值观,否认他们只是采纳我们大家认同的有关农村特质的价值观,但在我看来,这些是有问题的,我们有明确的价值主张、规范的评估,我们都不希望失去更多野生生物、宁静和美丽(见表3.1)。

表3.1 城市规划的知识主张

规划的 知识主张	主张类型	城市工作组(1999)报告中的例子
现状	描述	人们远离了城市
	测评	农村土地丧失,"与乡村紧密相连的特质——野生动植物、宁静和美丽——正在被进一步侵蚀"
	解释	这是由于人们对城市的消极态度,城市吸引力的缺乏——"最糟糕的社会住房","大片工业废弃物",以及英国城市发展的历史
预测状态	预测	如果持续该状态,到2021年将会新增380万新住户,"如果我们在现在的平均密度水平下新建380万套住宅以促进新发展,它们覆盖的面积将会大于大伦敦的面积"
	测评	不可持续发展形式的影响更为广泛。这意味着道路交通更拥挤,使用的能源更多,自然资源的进一步枯竭,宁静的地区越来越少,生物多样性的丧失,空气污染和社会两极分化的加剧
理想状态	测评	一种城市复兴——更多的人在城市居住
	对策	这种城市复兴将在现有城市地区进行"更高密度和更集中的开发,循环使用土地和建筑"。成功的城市重建是以设计为主导的

来源:城市工作组(1999)报告中的例子

城市工作组报告中的核心论点是，现况及预测的未来状况是非常不理想的。因此，如该报告所称，出于"多种令人信服的理由"（城市工作组，1999：46），需要鼓励人们居住在城市，而不是远离城市。这是报告中提倡的理想状态（或预期状态）——一种城市复兴。

但是如何实现呢？这里我们有一种更长远的价值主张，关于怎样的政策可以带来城市复兴：以设计为主导的重建。这是基于一种预测，即关注实际环境的设计可以打造更有活力的城市，人们会更想要居住在这样的城市里，这样他们就不会想要离开城市，从而达到保护农村土地，使其免于开发的目的。这利用了一种理论，即城市不具备吸引力（农村相对有吸引力）是促使人们离开城市的一大因素。该报告引用了一些证据来支持他们的理论——巴塞罗那以及德国和荷兰未指定城市的经验。这里作者还认为他们没有给出关于我们应该怎么做的个人看法，仅仅是建议我们作为一个社会整体，如果我们珍视乡村的野生动植物、美丽和幽静的环境，我们可以做些什么。但这在我看来——在当时政府委任制作的报告中，工作组主席被副总理描述为"城市文艺复兴的传教士"（城市工作组，1999：3）——这是一种对策。

但是，该报告承认，单凭设计本身在未来是不能达到预期效果的。卫生、教育、社会服务、社区安全和就业方面都需要更多的投资。"但是设计可以支撑这些城市框架，在这种框架中，制度可以成功运作"（1999：49）。对于规划者来说，任务是带来这些高密度的发展。应用于该目的的机制是"空间总体规划"。

规划讨论中最后的知识主张是关于政策的结果。这就牵涉到在实施政策后的 2021 年的情况了。报告关于这部分的内容很少。衡量成功的方法是什么？我们有另一种方法衡量政策是否成功，即通过城市居民数量增多，或者通过那些似乎是政策的最终目标，即城市外的野生生物的减少、美丽和幽静环境的破坏来衡量。这种测试需要更多关于 2021 年的情况的描述，这些描述应该包含关于为什么政策起作用（或不起作用）的解释。

图框 3.1

研究问题的类型

- 描述性研究问题或"是什么"问题寻求的答案描述了一种情况或事件、一种行为模式或一组实践。
- 解释性研究问题或"为什么"问题寻求对情况、事件、行为、实践或政策的解释或理解，或寻求对情况、事件、行为、实践或政策的后果的预测、评估。

研究问题

基于在上述规划辩论中强调的主要知识主张类型,当我们考虑开展一些研究时,还有两种更具体的主张类型值得关注:描述性主张和解释性主张。把这些观点中的每一个都看作是对两种研究问题("是什么?"和"为什么?")之一的答案是有用的(见图框 3.1)。

为了说明研究问题的本质,让我们思考在城市中提供绿地。虽然最近人们的注意力已经转移到了与城市扩张相关的问题以及"紧凑城市"的倡导,但长期以来规划人员一直关注高密度"过度拥挤"的城市问题(参见如 Howard,1898)。之所以选择这个议题或广义的政策问题,是因为城市中的开放绿地是土地利用规划系统原则上可以影响或采取行动的。从 Hakim(2000)的角度来看这是一个可以操作的因素。开放空间的"供给侧"可能存在着很多问题。存在着多少开放空间? 都是什么类型的开放空间?

这类问题本质上是寻求描述性的答案和"是什么"的问题。当然,在回答这些问题时,我们需要决定如何定义城市中的"绿地",以及如何衡量它。我们对每个人都可进入(至少在理论上)的开放空间是否感兴趣,或包括私人开放空间,比如花园或之前用作工业用地(所谓的棕色地块)但现在是"绿色"的,并被当地居民和他们的孩子日常使用。第 5 章再一次探究了这些定义类的问题的重要性。

但是我们的规划研究者可能想进一步知道更多问题的答案。为什么我们有开放空间的规定? 为什么城市间的开放空间规定有所不同?

在政策问题的"需求方面",可能存在着另一系列的问题。这里我们可能对人们如何利用城市中的开放空间很感兴趣。谁在使用城市开放空间? 更有可能使用的是年轻人还是老年人? 是男性还是女性更有可能使用呢? 他们把它用来做什么呢? 遛狗? 跑步? 玩游戏? 与自然交流? 他们都在哪里使用? 他们使用的频率是多高? 他们什么时候会使用? 通过这些问题的答案,我们可能会了解一些城市居民的行为。这些问题本质上也是为了得到描述性的回答。但是它们并不能帮助我们理解或解释城市居民的行为及为什么人们以这些方式使用开放空间。因此就有必要提出另外的"为什么"问题。假设我们的描述性研究揭示了一些人使用城市开放空间而其他人不使用,我们可能会想要知道为什么会出现这种情况? 或者从描述性研究得出另一个可信的发现,为什么人们在一周内的不同时间以不同的方式使用开放空间? 在为什么问题方面"解释"与"理解"之间的差异在于分别通过识别原因或发现原因,试图使行为特征或规律可以理解(参见 Blaikie,2000:75)。关于这种区别有多明显实际上还存有争议(见第 6 章),

但我们将暂时采用这样的说法。一旦我们开始寻找原因，我们就需要确定研究调查将包括哪些可能的原因。

然而规划研究人员通常不满足于只描述一种情况或解释其出现的原因。对于如何推进转变和相关的政策问题，人们不禁产生疑问。一些问题跟提供开放空间的影响有关。使用开放空间的后果是什么？它对参与人的身心健康有什么影响？我们如何鼓励更多的人去锻炼和利用城市的开放空间？这些问题常常是规划研究人员调查问题的动机。Blaikie(2000)将这类问题作为一个单独的研究问题加以区分，并称其为"如何"类型的问题。我更愿意把这类问题看作是研究人员在对政策或实践提出初步建议时的回答，基于对描述性和说明性研究问题的回答。

这些问题可以根据研究论据从两个角度来解答。第一个是在理解人们行为方式的基础上提出一些建议，这种方法常用来暂时回答这个问题。比如一些人利用开放空间来锻炼，给出的解释是他们在学校更有可能参加体育运动，那么可能给出的建议则是倡议学校改革，并鼓励学生多参加学校锻炼。这一建议基于某种归纳，即从对开放空间用户的具体研究到普通大众的归纳结果。在之后的第 5 章和第 6 章可以了解到，研究人员的争论点在于：在何种范围内提出更普遍的观点是可以接受的。

回答"如何"问题的第二种方法是改变政策，并判断它是否发生了预期的变化。大多数研究人员不得不承认，他们几乎或根本没有能力改变政策，他们只能研究过去政策的影响，检验他们是否达到了预期的效果。Reade(1987)和其他人认为，这类研究（有时也叫作评价研究）着眼于过去政策的影响，是规划研究的一个非常重要的潜在思想来源。

关键是在任何特定时期，对于学科的知识现状，研究问题的提出顺序是有逻辑可循的。在情况描述充分之前，我们无法解释其中原因，直到我们对这个问题和它存在的原因有所了解，我们才可以提改进建议。因此，面对政策问题时问以下一些问题很重要："做哪些事可以改善现状？""我们对问题的实质了解多少？"，以及"对于问题存在的原因了解多少？"如不能圆满地解答这些问题，就要去解决问题。这就是为什么在开始研究之前，探索前人所建立的基础很重要的原因之一。

拟定研究问题：文献回顾

在研究设计时，对你感兴趣的主题进行文献综述是关键一步。如今，电子搜索数据库使得搜索文献、识别大量同一主题且不同类型的文献变得非常容易。

这样做是因为至少在项目早期,你可能想不到一个调查问题,你想通过文献综述拟定或提出一些你也许会用到的问题。有时你可能会很幸运地找到一篇含有有待解决的研究问题的文献综述。其中一篇文献综述由 Ela Palmer Heritage (2008)主持,其受英国一系列参与重建的机构委托。这篇综述回顾了学术文献和参与重建项目公司的报告。文献综述的结论是:文物重建项目的社会影响缺乏评估而且在评估时,往往是未经实验证实的或一两个"有特定观点和计划"的个人的意见(2008:30)。因此,这一综述表明,这里本质上是一个"知识鸿沟",需要在这领域进行深入研究。

文献综述并不总是很容易获得,但在已发表的论文中,经常会有这样的情况:之前写文献综述的学者用文献综述进一步研究以回答之前综述中提出的问题。当然,这并不是说进一步的调查研究没必要。

提出研究问题的另一种方法是查看你感兴趣的领域中发表的一些研究,然后确定指导这些研究的研究问题。这些文章还将包含进行研究前发表的文献评述。有时,学生们担心如果把他们的研究与之前的研究过分紧密联系,他们可能会被指控剽窃,但是这样做无害,只要你在文献综述里充分承认这一点,这会对撰写论文十分有益,因为这样你将能够把你的研究发现与先前研究者的发现相比较。

如何发现已发表成果中的研究问题?

鉴于论证研究通常与当前关于某一主题的文献现状有关,第 4 章中有详细的讨论,因此对任何一项研究的提问都是非常有用的:这个研究是回答什么问题? 在阅读关于实证研究的文章和报告时,人们想很容易识别研究问题或作者所提出的其他问题。然而,有时很难识别出这些问题,并且需要通过一些实践来阐明某一作者阐述的调查内容。通常,人们会期望在论文的引言中看到研究问题。如果研究打算回答这个问题,那么在论文的结论中寻找答案也是明智的。这里我们将着重介绍。

在活动 3.1 中,我们要阅读第二章讨论过的研究论文中关于城市绿地政策问题的一部分内容。这篇论文的引言部分,对比了城市和景观设计师、休闲管理者和规划师等三组专业人士对城市开放空间重要性的看法。同时,该论文就城市绿地提出了一种新的方法(在当时论文撰写的时间背景下),这个方法与环保主义者紧密相连,论文作者们将环保主义者又称为"城市保护游说团体",也称其为"新环保主义者"。

活动 3.1
确定研究问题

请阅读 Burgess 等(1988)的论文的引言部分,你能找出一个研究问题吗? 它是什么类型的问题(根据上述简要定义)?

城市绿地提高城市生活的质量,因此受到了城市和景观设计师的高度重视。Kornblum 提醒美国读者,"自然开放空间是现代社会的核心价值",而 Laurie 批评他的一些同事更在意代理费,而不太关注"归纳公园的社会概念或人(原文如此)和自然紧密的关系,或者是社区需要以何种概念或关系,建造公园发展公园。"(第 77 页)。然而,在休闲管理方面,关于城市开放空间的重要性没完全达成共识,几项研究表示政治家们要相信开放空间会带来社会效益。此外,Duffield 和 Walker 认为,规划者经常将公园和花园视为历史遗产而进行维护,而不是按照当地的要求进行管理。在美国,类似的趋势也很明显,据说城市公园"已经迈入黑暗时期"。

《大伦敦发展计划》提出的伦敦开放空间提供,是基于一种等级原则:随着公园规模越来越大,家到公园的路程越来越远,公园从而实现了不同的功能。公园越大,功能越多,公园提供的场地空间实现了公园的多种功能。等级制度认为同等级的公园提供同水平的娱乐体验,而且社区的所有部分都能获得同等的服务。这些指导方针在《大伦敦发展计划》的草案修改中基本上没有改变,因为大多数实证研究表明等级制度是解决伦敦开放空间条文规定的最佳方案。

传统的开放空间供应方式最明显的挑战来自环保人士。想要在城市景观中,特别是在公共开放空间,增加自然景观的覆盖范围的城市保护游说团体认为接触自然为人们提供了许多个人、社会、文化利益以及学习生态的机会。然而,公园和休闲服务部门在应对这一挑战时指出,城市开放空间应发挥不同的娱乐功能:城市开放空间不能仅被视为"自然保护区"。而开放空间的休闲用途与新发现的其作为自然公园的两种功能的调和,威胁到传统假设的有效性以及基于良好的地面技术而非生态的原则的职业的完整性。

> 预算削减、失业以及休闲服务在日益政治化,公园部门认为环境挑战威胁其职业的完整度,这也就不足为奇了。
>
> 　　然而,无论是"新环境保护主义者"还是传统的休闲管理者,都没有坚持尝试探索公共开放空间倡导的新功能是否符合城市居民的信仰、价值观、态度和行为。
>
> 　　　　　　　　　　　　　　　　来源:Burgess 等(1988:455-456)

在此阅读中,确定研究问题的关键是在最后一段。作者在此指出缺乏关于"城市居民的信仰、价值观、态度和行为"的证据,以及这是否与"新环保主义者"的主张相一致,即在城市环境中接触自然的重要性。所以从表面上看,这实质上是研究的一个描述性目标,研究的是一个"什么"问题,或者可能是一系列"什么"问题。我们可以把它写成两个问题:

　　"城市居民的信仰、价值观、态度与在开放空间中接触自然是何关系?"
　　"城市居民的行为与在开放空间中接触自然是何关系?"

第一个问题在改写之后对城市居民的信仰、价值观和态度进行提问。现在一些研究者可能会区分这些概念,以及对于它们相互关联的方式有不同看法(Robson,2002),但是这里我认为,研究人员以灵活的方式使用术语来聚焦人的思想和感情,他们在想什么,他们何时接触到大自然。第一个问题是一个"什么"问题,因为它要求对信仰、价值观和态度进行描述性的回答。研究人员认为这是一个被忽视的问题。第二个问题是关于城市居民在开放空间里的行为,这也是一个"什么"问题。然而,如果思考得复杂一些,我认为研究人员很可能会看到这两个问题之间的联系,因为他们会看到城市居民的行为从而理解他们的信仰、价值观和态度。对于回答在城市的开放空间,"为什么人们会这样做",至少部分答案是"城市居民的信仰、价值观和态度"。所以如果你愿意这么思考,这里也有一个隐藏的"为什么"的问题。这种回答"为什么"问题的方法我们将在第 6 章进一步探讨。

研究问题、假设和理论

　　"什么"问题需要描述性答案,"为什么"问题需要解释或理解事件发生的原因。假设是一个临时的答案,它阐明了你可能会发现的东西,但是一个临时的答案仍然需要经过研究证据的检验。在某些学科中,导师强调学生提出假设的重要性是很常见的。根据我的经验,规划中并不如此,但更应该强调这一点。如果你想回答"为什么"的问题,假设将帮助你指导和聚焦你的研究工作。一些作者(见 Greener,2011)认为,对于某些类型的研究(定量研究),采用假设的方法更为合适。我同意 White(2009)的观点,即假设不应以这种方式受到限制,并且可以用于所有需要回答"为什么"问题的研究项目。例如,Popper 认为,事件发生的原因这一谜团如果成为"大胆猜测"或假设的主题,知识就会进步。

　　Jacobs(1961)提出的一个问题是,为什么纽约的一些公共空间在公众中有很高的使用率,而其他公共空间却不是。她的假设是,有些地方会受到许多看守人的监视,从而阻止这些地方的反社会行为,因此鼓励更多的人使用这个空间。她将纽约格林尼治村拥挤的街道与规划者们所青睐的规划过但空旷的绿地进行了对比。在她当时写作的时代(1960 年代早期),考虑到当时城市开放空间的传统观点,这是一个大胆的猜想。这一假设引发了一系列关于城市犯罪和"防卫空间"的研究。因此,她的假设被应用到其他一系列的案例中,正因为如此,这一假设被视为构成了一个关于公共空间行为的更普遍的理论。在第 6 章,将会进一步讨论实证研究背景下的理论。

依据初步想法提出有意义的研究问题

　　一个可回答的研究问题是精心设计的研究的首要条件。一旦有一个出发点——一个主题、一个目标或一个论文问题,挑战之一是设计一个可研究的问题,即"是什么"和"为什么",切记要对情况进行描述,而后才能解释"它为什么存在",了解了其出现的原因才能提出改变和改进的建议。在本节中,将通过四个示例,看看如何进行设计做到这一点。

例 1　"×××可以实现可再生能源生产的目标吗?"

　　这种类型的问题通常引起学生的兴趣,原因有两个。首先,它涉及一个重要的政策问题:温室气体排放以及全球变暖。其次,规划过程可能会促进或阻碍目标的实现,例如允许公众参与关于风力发电场发展的决策。

　　就规划中的知识观而言,目标可以视为是计划的状态,也就是政策的目标。将研究问题的层次结构应用到这个问题上,我们首先可以提出一个描述性的问题:目标设定后,可再生能源的生产趋势是什么? 如果之前的调查还不明确这一点,那么第一步就是设计一些研究来回答这个问题。在这种情况下,英国官方的统计数据可以来回答这个问题[能源与气候变化部(Department of Energy and

Climate Change),2014],而论文可以使用这些数据作为答案,尽管总是会有统计数据准确性的问题。

然而,假设暂时使用这些统计数据,那么下一个研究挑战就是回答"为什么?"这个问题,其目的是为了解释:为什么实现这一目标的进展处于目前的水平,导致这种情况的原因或因素是什么,包括规划过程的影响? 有时,这可以理解为"目标实现过程中的障碍是什么?"这里有一个潜在的重大研究议程。许多论文都是为了回答这个问题。"因为任何一篇论文都只能专注于可能相关的一些因素,或者研究已经提出的各种假设。"例如,公众反对是其中一个因素吗? 规划系统是否允许出现这样的反对? 关于邻避(即别在我家后院)的讨论很多,这是人们对发展的态度(Devine-Wright,2011)。在对当前形势解释的基础上,如果没有任何变化,就可以预测实现目标的可能性。这可能就是提出这个论题的人的想法。

但是,除了"在什么情况下才可能达到目标?"这样的预测,这个标题也可能隐含了一个问题,也就是找到解决问题的建议或对策。假设公众反对是一个因素,怎么减少呢? 关于公众反对的一个假设是,当一个想法没有得到充分的解释时,反对呼声最高,且需要时间,所以对策是让公众早些参与。原则上,研究可以用来验证这些假设。

例2 "为了揭示中产化是否是重建的有效结果"

本文的出发点作为一个目标呈现,以生成知识类型角度为项目设定一个目标。正如上文所讨论的城市工作小组的报告所提倡的,城市重建包括,在城市地区的可循环利用的土地上建造新的住房,即在城市地区的经济中发展后废弃或空置的土地(棕色地带土地)(Schultze-Baing 和 Wong,2012)。工作小组认为这是可取的,因为它将保护农村地区不受进一步发展的影响,并维持农村的和平与安宁(诸如其他)。这种重建政策的一个后果是,将来有些已经迁出城市的人将会被安置在其中。上文所述的论文目的是从反面出发,可以视作政策的结果,并且实际上提出了一个规范的问题:中产化是否可取? 规划学者对此问题争议不断,它说明了规范参与学科的重要性。

从一个项目的可研究问题发展的角度来看,目标可以相当于一个有用的中转站,但如果引导研究,这个特定的目标不起作用,因为它寻求的是一种规范的判断,尽管实证研究可以为对此问题持偏见的一方提供"事实"依据,但没有多少实证研究可以如此判决。

如果抛开关于中产化的可取性的争论,把中产化看作是一个描述性的术语(而不是一个评价的术语),那么我们就可以试着定义它的特征,并在提出研究问题方面取得一些进展。如果在此背景下定义中产化,即是指那些搬进某一地区的人和重建之前该地区的居民之间的社会地位的差别,那么我们就会提出一系列需要描述性答案的问题。在建房屋是何种类型? 谁将入住? 搬进这一地区的人和之前的居民之间的社会地位有什么不同? 这些描述性的研究问题显然是需要回答的基本问题。

然而,如果这里的关注点是中产化发展的结果,而不是中产化本身,那么在这种情况下,更富有或地位更高的人就会搬进该区域,因而人们就会对此产生疑问。正如 Atkinson 和 Kintrea(2001:2280)所问的那样,"贫穷地区的穷人比社会混居区的穷人更糟糕吗?"如果其中一个原因是中产化,那么调查中就会有许多可能存在的中产化的影响或结果,其中一个议题是关于现存人口的态度和感受。他们如何看待他们所在地区的变化? 造成人们这些情绪的原因是否是因为这一地区的中产化,或是因为其他可变因素? 另一个影响可能是人们对该地区的认知和"名声"产生的变化,这可能会让该地区的居民更容易找到工作。

同样,在此例中,为形成论文的构思,在价值观争议的层面下探究辩论所依赖的一些更具描述性和解释性的观点,十分有益。这一探究表明深入调查发展空间巨大。

例3 "论文将研究以文物为主导的重建能在多大程度上帮助解决多塞特沿海城镇面临的问题。"

我们的第三个例子也关于重建。重建的概念,已用于一些政策和规划方面的语境,根据与之搭配的形容词有不同的含义。这一次关注的是以文物为主导的重建。学生们对此话题的兴趣一部分是源自参与重建各方委托而形成的 Ela Palmer Heritage(2008)的文献综述。而对多塞特的关注可能与学生家庭住址有关,由此有可能就近展开研究。理论观点还可能进一步证实这些非常切实的问题,即规划的实施及其有效性取决于其实施的环境(见第6章的讨论)。多塞特可能会有着其他沿海城镇所没有的地理、经济和社会环境。

Ela Palmer Heritage 将文物为主导的重建定义为"通过实施文物聚焦项目使弱势群体或贫困地区的生活得以改善"(2008:1-2)。有趣的是,这个定义非常宽泛,足以涵盖弱势群体生活水平的提高,以及各个地区的改善。根据这份报告,有三种不同的文物聚焦重建类型。它们是:

• 区域重建(例如,市中心、保护区或历史景观的自然重建)
• 单个建筑物重建(单个建筑物的自然重建)
• 文物项目重建(以历史建筑为基础的自然重建,不包括社会公益工程)

鉴于此文物聚焦重建的定义,我们结合各种建筑物实体修缮方式和不同的目的(为了改善人们的生活或生活地区现状)。显然,出于研究的目的,你需要非常清楚,在这些文物聚焦重建中的哪一种将成为拟议研究的主题。因为这将导致完全不同的研究实施策略。

回到上述论文的目的和论文中对多塞特的关注,其中所包含特定的地理位置与我们前面看到的两个例子不同。在这些例子中提到的地方隐约是英国。当然,英国也不是唯一有可再生能源的,或者全球范围内唯一一个正在进行重建的地方。因此,正如我们将在第 5 章中进一步看到的那样,清晰地考虑研究结果将涉及的最广案例范围(案例中的"全体居民")与其应该涵盖于研究问题中的地理限制,这都是非常有帮助的。

为了有所进展,还需要考察可能构成这一宽泛的政策问题的更具体观点。正如前所述,政策问题更像是论述题,为了找到一个可操控的、可研究的毕业论文研究问题。首先,我们可以考虑"多塞特沿海城镇面临的问题"的本质。以何种方式写下研究目的是预先假定我们已经知道沿海城镇所面临的问题,例如,以前的一些研究已经充分描述了这些城镇的现状。研究人员总是热衷于质疑证据。论文的出发点可以用"是什么问题?""多塞特沿海城镇面临的主要问题是什么?"对这些假设提出质疑。正如第 2 章所提及,由于构建问题的方法有许多种,所以论文中的一定篇幅可用于质疑已有的问题提出方式,并提出其他的问题描述方式。这种提出方式是侧重于城镇居民生活问题,而不是城镇的部分外观。

论文中也可以有一定的篇幅用以质疑官方文件中对该地区问题的解释,提出"为什么?"的问题,质疑造成这些城镇问题的原因或因素。

在撰写论文的过程中,我们应该知道,在多塞特是否有上文所提及的文物聚焦重建类型的例子。如果有这样的例子,那么,论文的关注点则可以是关于重建的。重建是否有助于解决多塞特沿海城镇面临的问题?还需要对以往重建成功的(或者是不成功的)原因做出解释,追溯各种因素导致的后果(或者是一个不成功案例中的障碍)。

如果此处没有以文物聚焦重建的例子,那么人们可能会对这个问题产生兴趣,因为人们认为,这些尚未开发的城镇文物有可能用作重建的基础。一篇论文可以以评估潜力的视角,从描述城镇中的历史文物"资产"开始撰写。这不仅仅是文物资产的列表,而且是基于以往文物资产研究的论证。下一个问题可能是"为什么?""为什么这个地区没有重建?"或许这些资产与其他已经进行过文物聚焦重建的地方资产有所不同。或者当地条件不利于此种类型重建?那么此篇论文则旨在解释这一地区缺乏文物聚焦重建的原因。

例 4 "绿化带能拆除吗?"

这个问题明确地出现在一些规划理论文献中。论文主题背后的观点是,某些政策理念变得很有影响力,以至于它们已经根深蒂固,难以改变。Healey 用"话语"来指代这一政策理念,这又回到第 2 章中提出的关于问题构建的论点。话语"指在制定、论证和合法化某一政策方案或项目时所采取的政策语言和隐喻。这个词汇间接或直接地表达出一个或多个意义框架,此框架体现了如何理解'问题'和'解决方案'"。(Healey,2007:22)在英国,将环绕城市的绿化带作为解决城市扩张问题的一个方法,这一理念"已经根深蒂固"。它已经是共识[参见《自然英格兰》(Natural England),2010],"保护绿化带"的理念被用来转移人们对其他区域进一步发展的呼吁。绿化带的概念可以追溯到 19 世纪,Ebenezer Howard 提出将绿化带环绕下的"花园城市"作为一种管理大城市扩张的方法。在荷兰,保护本国"绿色心脏"的理念也有类似的地位。Healey 说,这一想法可以追溯到 20 世纪 30 年代,并通过可持续发展和紧凑城市这一理念得以强化。"它们与乡村景观保护这一蕴含强烈文化意蕴的理念相联系,体现了'英国性'这一独特文化价值观(Healey 和 Shaw,1994)"。如果我们假设绿化带的概念蕴含其中,那么这时论文的重点则在于解释为什么其蕴含其中,以及 Healey(2007)的文化价值观所带来的蕴含条件。接下来,论文将探讨支持话语的情境条件是否容易发生变化,然后可以对该政策的地位进行预测。

结论

在本章中,我讨论了研究问题在研究设计中的作用。许多研究者(Blaikie,2000;de Vaus,2001;Gorard,2013)强调研究问题对研究设计的重要性。它们对研究设计的展开至关重要。规划学者往往都关注政策问题和规划政策改进与实施,而其中一些人则支持研究人员所调查的问题与从业人员的关注点之间的密切关系。在强调规划政策辩论的同时,我建议有关各方应阐述现状——断言这种情况是有问题的,需要加以改变;解释为什么会存在这一现状;预测如果政策不变,这种状况将如何发展。最后,按照惯例做出惯例性声明,如果实施特定政策,情况会如何改善。描述性声明是必然要做出的,因为只有这样才能描述某种情况特征。解释性、预测性和惯例性的声明取决于各种理论,而理论对于它们强调的因素又具有选择性。与这些声明相对应的是不同类型的研究问题:"什么"和"为什么"的问题。这是学生研究人员在组织论文时需要考虑的问题。这些是可研究或可回答的问题。

小结/核心观点

1. 研究设计的出发点是提出一个可研究的问题,因此花时间思考构思研究问题很重要。

2. 一个可研究的问题是指通过实证研究可以回答的问题。

3. "什么"的问题寻求描述性答案,并形成描述性声明。

4. "为什么"问题需要解释性答案并提出解释性声明。假设作为"为什么"问题的假定答案是有用的,假设可以通过研究进行验证。

5. 这些问题的提出是有逻辑性的。在解释、理解或评估一个现状是否理想之前,需要对该现状进行充分描述。因此描述规划所讨论的问题是一项重要工作。采用特定政策情况下的声明和理由都需要基于解释和理解为什么会存在这些问题,以便对拟采取的干预措施的后果进行预测。

6. 论文的初步想法、论文中宽泛的政策问题或主题都需要重新提炼为一个可研究的问题。

练习:提出研究问题

    正如我们在本章给出的例子中所看到的,研究过程中最困难的阶段之一是从一些最初的研究思路转为清晰的计划,并提出一些可回答的研究问题。这项练习就是要求你做这件事情。提出你论文的假定主题或问题:

1. 在此阶段尽可能清楚地写下你的假定主题。

2. 根据 Rydin 的规划类型范畴(如图 3.1 所示),分析你的论文主题。可以说明:

   - 世界的现状——当前问题的实质;
   - 预测的状态——如果对此问题不作为,将会发生什么;
   - 期望或计划的状态——规划系统在未来应该实现什么目标;
   - 结局——实际取得了什么成果;
   - 规划中的哪些声明与您所考虑的主题相关?

3. 在规划中,这些声明中包含了哪些更具体的类型? 描述? 说明? 解释? 预测? 对策?

4. 写下需要回答问题的清单。在现阶段看来,哪些似乎是需要回答的核心研究问题?

拓展阅读

有许多关于研究方法的教科书，关注研究问题，但我将从中挑选三本。这三本书对研究问题采取了一种相似的方法，你可以从中详细了解这一方法：

Blaikie(2000)有一个关于研究问题的章节，并包含关于形成和提炼研究问题的建议：Blaikie N，2000. Designing Social Research[M]. Cambridge：Polity.

White(2009)在关于如何从主题发展研究问题，以及什么使问题"可研究"方面提供了非常有用的指导：White P，2009. Developing Research Questions[M]. Basingstoke：Palgrave Macmillan.

Andrews(2003)对主要研究问题和辅助问题做了有益区分：Andrews R，2003. Research Questions[M]. London：Continuum.

参考文献

Atkinson R，Kintrea K，2001. Disentangling Area Effects：Evidence From Deprived and Non-Deprived Neighbourhoods[J]. Urban Studies，38(12)：2277-2298.

Becher T，Trawler P R，2001. Academic Tribes and Territories[M]. Buckingham：The Society for Higher Education and the Open University Press.

Blaikie N，2000. Designing Social Research[M]. Cambridge：Polity.

Burgess J，Harrison C M，Limb M，1988. People，Parks and the Urban Green：a Study of Popular Meanings and Values for Open Spaces in the City[J]. Urban Studies，25：455-473.

de Vaus D，2001. Research Design in Social Research[M]. London：Sage.

Department of Energy and Climate Change，2014. Digest of UK Energy Statistics[R]. London：National Statistics.

Devine-Wright P，2011. Renewable Energy and the Public：From NIMBY to Participation[M]. London：Earthscan.

Ela Palmer Heritage，2008. The Social Impacts of Heritage-Led Regeneration [R]. London：Ela Palmer Heritage.

Goldstein H A，Carmin J，2006. Compact，Diffuse，or Would-be Discipline?[J]. Journal of Planning Education and Research，26：6-79.

Gorard S，2013. Research Design：Creating Robust Approaches for the Social Sciences[M]. London：Sage.

Greener I，2011. Designing Social Research[M]. London：Sage.

Hakim C，2000. Research Design：Successful Designs for Social and Economic Research[M]. London：Routledge.

Healey P，2007. Urban Complexity and Spatial Strategy[M]. London：Routledge.

Healey P，Shaw T，1994. Changing Meanings of "Environment" in the British Planning System[J]. Transactions of the Institute of British Geographers，19(4)：425-438.

Howard E，1898. Tomorrow：A Peaceful Path to Real Reform[M]. London：Swan Sonnenschein；republished in facsimile(2003) with a commentary by Hall P，Hardy D and Ward C.

Jacobs J，1961. The Death and Life of Great American Cities[M]. New York：Random House.

Natural England and Council for the Protection of Rural England，2010. Green Belts：a Greener Future[R]. London：Natural England and CPRE.

Reade E，1987. British Town and Country Planning[M]. Milton Keynes：Open University Press.

Robson C，2002. Real World Research[M]. Oxford：Blackwell.

Rydin Y，2007. Re-Examining the Role of Knowledge Within Planning Theory[J]. Planning Theory，6(1)：52-68.

Schultze-Baing A，Wong C，2012. Brownfield Residential Development：What Happens to the Most Deprived Neighbourhoods in England?[J]. Urban Studies，49(14)：2989-3008.

Urban Task Force，1999. Towards an Urban Renaissance[R]. Final Report of the Urban Task Force，Chaired by Lord Rogers of Riverside. London：Spon.

White P，2009. Developing Research Questions[M]. Basingstoke：Palgrave Macmillan.

4

研究问题的论证

── 核心问题 ──

研究问题存在哪些实践性和学术性的理由？

什么是文献综述？

一篇文献如何说服读者相信回答一个研究问题的学术作用？

核心概念 🔑

研究实践论证；学术辩论；论点；文献综述；知识现状

概述

在上一个章节中，我主张规划研究与其他学科一样，都需要一个（或者多个）研究课题所指引，这些问题是此研究旨在回答的。这一个章节提出了一个问题，即其他人（比如，你学位论文的评阅人）可能会就任何研究提出的问题：为什么值得花费时间和努力回答这个特定的研究问题？因此，需要通过某种方式论证研究问题。研究者要想论证他们的研究有两种方式。第一种是从学术的角度。你需要使用现有的文献提出一个论点，以说明你拟回答的问题到现在为止尚未被回答，或还没有得到圆满的解答。这有助于解释为什么在发表的论文中都展现出对文献资料的翔实掌握，以及为什么我们希望学生在毕业论文中要参考一些文献。

关于这一点值得一提的是，毕业论文中的文献综述常常相当糟糕，因为我怀疑学生并不清楚为什么需要文献综述，更不清楚在综述中应该对于既有文献中的局限性形成自己的观点。另一点值得一提的是，能够娴熟地处理现有的文献可以给毕业论文的审阅者留下深刻印象。

对实施研究进行论证的第二种方法是，问题的答案也许具有现实意义；它也许有助改善规划中的一个问题或某类政策。一些规划学者希望他们所实施的研究和规划实践层面所面临的问题之间联系紧密,而另一些则希望这之间的关系稍微更远一点。然而,规划研究者们逐渐被要求从政策回报的角度来论证他们的研究(见第9章)。

本章的第一部分分析了学术文章中使用的两个实践性论证类型的案例。第二部分讨论文献综述和进一步研究的常规学术论证。最后一部分着眼于文献综述的结构,以及这种结构如何帮助提出进一步研究的论点。

进一步研究的实践论证:以两篇文章为例

如果我们对学者们论证其研究的方式感兴趣,那么在这个阶段看一些范例会很有帮助。幸运的是,我们这个领域在提交一个研究时,对于研究论证出现的位置存在共识。我们要讨论的范例来自两篇已发表的研究文章的引言部分,此前对这两篇文章我们已做过讨论。这一讨论将让我们看到文章的作者对他们所实施的研究所作的实践性论证。要做到这一点,我们需要能够理解或诠释出字面或隐含其后的意思,也就是说,理解论点提出的逻辑性。

第一个范例选自 Atkinson 和 Kintrea(2001)的研究。这篇文章的核心观点是"区域效应"。或者,在其他穷人聚集的地区居住的穷人,是否会遭受除了因为贫穷而面临的不利影响以外的其他不利影响(如果他们住在其他地区,就不会遭受这些影响)。还是如作者所表达的那样(Atkinson 和 Kintrea,2001:2278):"如果一个人在不同类型的地区生活或长大,生活中的机遇和机会也有所区别。"

他们在文章的引言部分指出,在21世纪工党政府执政下的英国,政策上对于"贫民窟"以及存在某些最棘手的公共政策问题的社会边缘区域特别关注(2001:2277)。他们还指出,这条政策是基于相信区域效应确实存在。换句话说,这就是当前政策背后的理论。能评估这一理论的研究是切题并且有意义的研究。为了强调这些效应可能的重要性,他们提到(2001:2278):"有人可能因为居住地而英年早逝(Shaw 等,2000),或有人可能因为住址影响找到工作的机会(Dean 和 Hastings,2000),没有什么比这更明显的了。"人们普遍认识到在过去10年或20年里穷人和富人之间的空间划分越来越显著(Lee 和 Murie,1997;SEU,2001a),目前这一问题在英国的重要性更加引起关注。这里的潜在观点是,我们对这个问题感兴趣是源于两个原因。首先,该问题之所以受到重视是因为当前的政府认为其很重要。其次,这很符合我们的价值观——想必我们都会同意,没有人应该因为他所居住的地方而过早地去世,也不应该因为其所居住的地方而失去一份工作。因此我们的价值观会使得我们支持这项研究。

第二个范例来自 Burgess 等人(1988)的文章。我们在第3章已经提及这篇文章,目的是找出作者试图回答的研究问题(见活动 3.1)。在这里,我们感兴趣的是,他们为支持这个研究问题的研究而提出的论点。我们在引言部分可以看到,他们研究的选题是城市开放空间,涉及一些已有的文献,这些文献主要讨论了开放空间的使用为人们或者社会能提供、应该提供的益处。所争论的是一个实际问题"开放空间是用于干什么的?"而专业层面的考虑则是应该如何管理开放空间。引言部分通过关于这一问题的文献来对比不同专业群体对开放空间益处的不同看法。城市和景观设计者,如在 Laurie 所举的例子中(1985),似乎看到了公园的众多益处:"公园的社会概念""人与自然之间的关系"以及"社区需求",即便对于非专业的读者来说根本弄不清这些益处的意义。业余管理者,或者至少是一些参与决策制定的政客们,"不太相信使用开放空间的社会效益",同时,规划师们似乎视公园和花园为具有重要历史意义的景观,因此这些地方应该得到保护或维护,而不是"根据当地需要进行管理"。规划师们还提出了城市内开放空间的层级论,更容易到达的、离家近的小型开放空间相比那些更大和更远的公园和空间所具有的功能更有限。"层级观认为,相同级别的公园能够提供相同质量的娱乐体验,并且社区各个地方的人都能获得"(Burgess 等,1988:456)。环境主义者也加入了这一专业讨论,他们想要把开放空间作为把自然引入城市的一种方式。这为相关利益组合和开放空间管理中专业角色的冲突都增加了新的要素。

依据我们论证研究问题的方法来重构或重新解释这个选题,引言里隐含的论点看起来是这样的:那些最专业的团体一致赞成,开放空间的管理是一个重要的问题(虽然对于为什么重要不同的专业团体持有不同的看法),因此这个选题就是重要的、值得研究者去研究的。但是在专业人士中,对于如何提高公园和开放空间的管理还存在争议:用我们的话来说,就是关于"如何做"的争论,因此研究有助于阐明关于这一政策的争论。

这两个范例阐述了在第 2 章提出的观点:研究对象和研究问题入选研究,是因为它们是"价值相关的",也就是说,它们处理那些被认为"重要的"议题或问题。这种重要性要么与研究者的价值观相关,要么与更广泛的人群,例如当前政府及其政策相关,或者与处理这个问题的规划师等专业群体相关。但是对这个问题感兴趣的人也可能是社区里的特殊成员,例如残疾人,或任何利益可能会被忽视的群体。这意味着,在思考你的研究问题时,也应该思考为什么这个研究对你来说很重要,以及此研究是否具有更广泛的重要性。回答这些问题是否能够对理解某问题有所帮助,或者引起问题解决方式的某种变化?就像我们将在第 9 章所看到的,一些规划研究者认为,规划专业人士的兴趣——他们要处理的问题——应该是任何研究考察的出发点。

文献综述：从学术角度论证选题

"批判性"一词常常被用于描述在一篇毕业论文中理想的文献综述，但大部分文献综述通常不具备批判性或者至少批判性不够。批判性意味着在一篇综述里就现有研究的局限性形成一个观点，并为进一步研究提供论证。鉴于我给研究问题所赋予的重要性，以及一篇文献综述的目的就是在于回顾一个选题的研究现状，那么在回顾文献时将研究问题作为回顾的框架是有道理的。这就意味着综述中的文献应该与你所考察的具体课题相关（见图 4.1）。一份文献研究能检索到大量相关主题的出版物，特别是你搜索专业出版物以及学术期刊的时候。其中许多可能会提出理论观点，或一部作品，其就规划课题提出了一个特定的解决方法。这些出版物可以是一些假设的有用来源，这些假设能在后续研究中得到检验。但是就一篇批判性的文献综述而言，评估任何一篇出版物的原创性也很重要。即使一篇文章是基于研究完成的，仍然无法确定研究是如何实施的。其他时候，我们可能对所运用的研究方法略知一二，但对方法是如何运用的以及为什么要运用这些方法则不得而知。Gorard（2013）认为，在文献综述的检索中，任何不是基于研究的来源——观点或者理论陈述——都应该从文献回顾中去除，同样，对于那些没有解释研究是如何实施的研究报告也应该这样处理。考虑

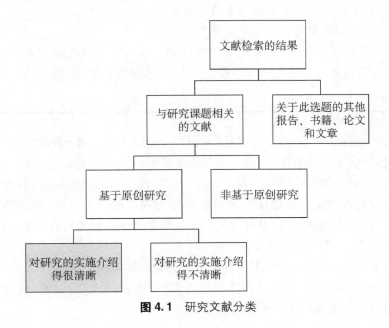

图 4.1　研究文献分类

了这些方面,相关文章的数量可能就不多了。在规划领域,通常可能只有一到两篇以前的研究论文可用于认真考察和评论。

图框 4.1 罗列了研究者通常就已有文献中的缺陷或不足所提出的观点。在上一部分所讨论的 Burgess 等人(1988:456)的文章中,作者们的观点是,"'新自然资源保护主义者'(Micklewright,1987)和传统休闲管理者都没有持续去调查居民的信仰、态度,价值观和行为是否与新近提出的开放公共空间的作用相符"。换句话说,作者认为,可能存在一种所谓的"知识空白"(图框 4.1 中的论点 1),他们没有任何证据可以提供关于政策讨论方面的资料。实际上,他们完全未提及这些。他们说,专业团体没有做出任何"持续的尝试"来提出证据。

图框 4.1

通常由研究者为进一步研究所提出的论点

1. 这是一个被忽视的课题,之前没有人研究过,存在文献"空白"。
2. 过去的研究有限。此评论有四个版本。
   2.1 时代或背景已经改变了,所以即使以前进行过研究,现在也是过时的,需要修正。
   2.2 关于一个选题存在争论。对于 X 的重要性、这种重要性对 Y 的作用、以及 X 的意义还存在支持或反对的激烈争论。
   2.3 过去的研究是在有限的条件或背景下实施的。
   2.4 过去的研究忽略了一个重要的因素。
3. 就研究实施方法而言,过去的研究有缺陷。这些是方法论方面的争议。批判角度可以包括研究样本的选择方法以及案例的选取、数据生成方法以及分析方法等。

如果文献检索中展示了一些以往的研究,那么,对进一步研究的论证就可以是"时代已经变了",或者至少,看一看进一步的研究是否能论证过往的观点是很有意义的。例如,如果检索到一篇 20 世纪 80 年代所写的研究综述,称规划师们将公园和园林看作是应该被保护和维护的历史遗产的一部分,而不是被用作社区利益空间,那么,研究问题就可以是关于他们是否现在仍然这么考虑(图框 4.1 中的论点 2.1)。可以实施研究来验证这个观点。

另一个论证可以是,文献中仍有关于该选题的持续讨论(论点 2.2)。下面引用的 Atkinson 和 Kintrea 的文章是评论者们对"区域效应"的讨论,认为这种效应会影响集中贫困地区的贫困生活:

关于区域效应的文献主要取材于美国的城市,以及城市中穷人的困境,他们集中在一小块区域,并由此造成了额外影响,使得他们无法摆脱贫困。这种额外性的机制可以逐步被发现,例如,对当地服务供给的负担、映射到个体居民身上的坏名声、低质量或者缺失的私人服务、低标准的公共服务供给,以及贫困区域的社会化进程[……]。然而,区域效应的议题仍然存在,社会科学知识仍然有待收集。而有一些评论者,例如 Kleinman(1998),对区域效应持批评态度,更多地倾向于区域效应确实存在[特别是 Ellen 和 Turner(1997)所写的广泛综述]。然而,英国城市不能为证明以上任何一方的观点提供关于区域效应的证据。(2001:2278)

让我们来分析一下他们的观点。首先,他们提出,文献主要源自对美国城市的研究。下一句提出了可能导致这些区域效应产生的一些机制。根据我们所讨论过的规划中的观点类型,我们有一系列后果或者效应——区域效应——这篇文献揭示了可能造成以上效应的现状、机制或成因等一系列假设。假设我们知道存在区域效应,这些假设的提出是用以回答"为什么?""为什么会存在区域效应?"等问题。

但是作者们继续称,这个领域存在关于区域效应是否真实存在的争论——"关于区域效应的主张仍存在"——引自 Kleinman、Ellen 和 Turner 的反对观点。这一争论的存在是因为,他们提到"社会科学的知识还在累积",以此表明要解决这个争论还需要更多的证据。最后,他们认为,"英国城市的区域效应证据不多"。因此,此处的观点是,实质上在未来研究中,我们还没有足够的证据来论断英国城市的区域效应是否存在。

我们也许会问,为什么我们已经有了美国的区域效应的证据,还需要英国的进一步证据?作者们对这一点没作说明。可能因为作者们认为社会研究的目的是,形成适用于更加广阔空间的归纳概括,而在美国以外所实施的进一步的研究,能让我们看到这种概括是否能得到证据证实。我们将在第 5 章再次讨论关于概括归纳的话题。另一种可能性是,作者们认为英国城市的情况和美国的可能在某些方面不同。例如,一些区域效应的潜在原因在英国城市可能不太明显。也许英国城市里贫困地区的公共部门的服务有更充足的资金支持?因此穷人居住在英国城市的这种环境会降低区域效应存在的概率(论点 2.3)。考察社会生活所居住的不同环境的另一种方法是,提出还存在另一种因素,其所产生的影响在过去研究中被忽略了,因此需要纳入考虑(论点 2.4)。

学者们所运用的最后一种论点是,质疑以往研究的设计方式、实施方法以及所提出的研究发现(论点 3)。这一点很简单,就如同说,调查问卷中的提问方式对作答者就研究进行的更根本性争论的回答会产生影响。例如,我们在第 2 章看到,对研究设计,持"控制"观点和持"自然"观点(即研究应该在尽可能正常和自然的环境中进行的观点)研究设计者之间的方法论辩论。Burgess 等人(1988)认为,他们通过采用集体分析心理疗法的原则和实践,并进行深入的小组讨论所获得的关于开放空间在人们日常生活中的意义方面的研究结果,比通过结构化访谈获得的研究结果,有着更积极的评价。

对学生的文献综述的要求比起力图在期刊发表文章的学者的要求要少。如Bell(1993:33)所言,毕业论文不需要对研究进行确切的解释,只需呈现"相关文献阅读中的一些证据"和"对于该选题现状的认知"。

文献综述的结构

文献综述的目的应该是根据研究现状提炼论点,并明确进一步研究的必要性。图框 4.2 是取自一篇研究开题报告中的简短文献综述。在一篇毕业论文中,文献综述也许会更长,对于以往研究性质会有更多细节,但此处关注的是,研究综述该如何构建。首先,开头段落为选题设定政策背景,指出规划政策旨在保留乡村服务,这就(含蓄地)表明了该选题的重要性。这一段还提出政策方针背后的假设:如果农村地区大部分新的开发(例如,住宅)都定位为大型的居住地,乡村服务将得到支持。

——— 图框 4.2 ———

一份简短的文献综述范例

英格兰的村庄服务正在衰退,几十年来,英格兰的规划政策通过把大部分乡村开发定位为更大的定居点,以争取保留村庄服务,由此,新居民可以从中受益,并争取扶持居住地的服务和设施,以促进乡村可持续性。(农村机构 2002a)

英格兰和威尔士偏远乡村地区的近期研究表明,20 世纪 90 年代以来的房屋增长集中于居住区(人口数量为 2 000~30 000),而不是开阔的乡村(Brown 等,2005)。这些住宅区的服务部门的就业也在增长,但是房屋增长、人口增长和乡村居住区服务供给之间的联系至今还停留在假说的阶段。近期的一些研究已经开始质疑这些假设。对德文郡 1981—2001 期间服务供给和住房增长的历时性研究表明,住房增长和教区层面服务供给变化之间存在微弱的负相关，因此总的来说，住宅增长水平越高，乡村服务整体下降的速度越快，尽管这种关联比较微弱（Wilson，2004）。研究还揭示，服务保留和该距离大城镇的距离之间没有联系，服务保留和居住区是否被指定为当地服务中心之间也没有联系。这些在某种程度上令人惊讶的发现强调了对支撑地方服务的那些机制有所理解的重要性。

一种由于人口汇入而产生的可能性服务支撑机制是增强的社区参与度。它有数种表现形式：金融、管理、劳动力、营业场所以及战略层面的参与。关于郊区迁入的文献强调了这种潜力，即把社区活动参与作为郊区生活的驱动力之一。Moseley（2000）强调了社区参与在一些情况中作为一种机制的重要性，而 Barton 等人提出，这种参与能够更好地满足当地弱势群体的需求。德文郡的小规模案例研究（Wilson，2004）支持第一种假设，但也指出根据与之相关的服务不同，情况也千差万别。尽管如此，却没有关于社区参与影响的清晰而广泛的证据。而且，促进社区参与的条件也有待研究。有观点认为，村庄和小城镇住房混合，比如允许存在更多经济适用房，可能会是一个关键变量（Wilson，2004），而社区精神、当地高度的社会互动和对场所的依赖似乎才是富裕地区的特征。

因此研究的目标在于，评估人口稀少的农村地区的社区参与对服务保留的影响，以及形成社区参与的条件，从而为社区参与在服务提供中的作用，以及为未来的政策反馈能否得到保证提供政策指导。

来源：Farthing，2007

第二段主要关注这项政策获得成功的证据整合（Brown 等，2005），以及近期基于德文郡乡村地区的一些"纵向研究"（Wilson，2004）的证据，这些证据还质疑了政策的成功。由此作者得出结论：我们需要对"支撑地方服务的机制"有更多了解。因此，有效地提出研究问题"为什么村庄之间服务衰减的速度是不同的？"

第三段提出假设：一些村庄中的社区参与（但是其他地区缺少社区参与）能有助于我们理解为什么这些村庄还保留了地方服务，这个假设得到 Wilson（2004）和 Moseley（2000）的"德文郡小范围案例研究"证实。按照表 4.1 中所认定的进一步研究论证类型，这实际上提出，一个可能的重要因素被忽略了。因此，最后一段提出，该选题的目的在于验证这一假设：社区参与对乡村服务保留产生影响。研究还着眼于揭示在何种情况下地方社区会参与其中，也就是，影响这种参与的因素是什么。

小结/核心观点

　　这一章着眼于研究课题需要得到论证这一观点，以及考察已经发表的研究中的论证的类型。我认为，人们期望当前学者们的研究应该不仅具有实际价值，还要有学术论证。

1. 你可以通过呈现你的研究问题与本身就很重要的某个问题有关，来论证你的研究问题具有某种（潜在的）实际价值，而且这项研究有可能有助于理解这一问题，也许还能提供解决方案。
2. 你可以通过展示你对该领域现状很熟悉，而这些了解是来自与研究问题相关的已有文献的阅读，以此用学术术语来论证你的研究问题。
3. 为了写出一篇给人印象深刻的文献综述，你需要就研究问题的现状形成一个观点，从而使读者得出这一结论：有必要进行进一步研究。
4. 本章节强调了文献中能够发现的许多典型观点，你会发现这些观点有助于进一步研究观点的形成。

练习：综述文献

　　阅读和综述文献并不仅仅局限于研究设计阶段，而是应该贯穿整个毕业论文写作过程。但是这个练习只是用于让你开启这个过程。首先，找到你最初的研究问题，这要求你去图书馆进行检索。大多数大学的检索工具存有大量的数据库，同时检索的结果通常会是数以百计甚至千计的书籍、文章和报告。一般来说，如果学生们对于为研究问题找出合适的检索词组感到力不从心的话，本学科的图书馆员会很乐意帮助他们。在这项活动中，你需要把书籍、文章和报告分成以下种类：

- 政策文件。
- 文本，实质上是关于政策问题的观点，尽管它们也许是基于从业者的经验。这些文本也许主要出现在专业杂志文章中。
- 理论成果。这些可能出现在学术性出版物及期刊中。他们不会是实证研究报告。

- 文献综述。
- 文本,是实证研究报告,并对所使用的研究方法进行描写。这些文本也主要出现在学术期刊中。

    前面两种类型也许有助于你为所写的毕业论文做出实际论证,包括测试当前政策背后的理论可能性以及评价政策的可能有效性。第三种类型也有助于为你组织研究提供假设。因此前三种类型不应被丢弃而应被分类存储。在后两种类型里,你起初只需找出两篇文章,它们是基于你提出的认为需要解决的研究问题所相关的研究。阅读文章中的引言部分,然后:

1. 找出他们想要回答的研究问题。
2. 对照图框 4.1 中的列表,评估他们所提出的进一步研究的论点。注意:在任何一篇文章中可能不止一个论点。
3. 写下你对于这些文献的简短(批判性)述评,为你就此研究要回答的研究问题及拟实施的进一步研究提供理由。这很明显是临时性的,也肯定会随着你对文献知识的扩展而有所改变。

拓展阅读

关于如何评述研究论文和文献综述的建议,参看如下文献:

Locke L F,Silverman S J,Spirduso W W,2010. Reading and Understanding Research[M]. 2nd ed. Thousand Oaks,CA:Sage.

探讨了如何进行文献综述的文章:

Bell J,2010. Doing Your Research Project[M]. 5th Edition. Buckingham:McGraw Hill/Open University Press.

Fink A,2014. Conducting Research Literature Reviews:From the Internet to Paper[M]. 4th ed. London:Sage.

Hart C,1998. Doing a Literature Review:Releasing the Social Science Imagination[M]. London:Sage.

Ridley D,2012. The Literature Review:A Step by Step Guide for Students [M]. London:Sage.

参考文献

Atkinson R，Kintrea K，2001. Disentangling Area Effects：Evidence from Deprived and Non-Deprived Neighbourhoods[J]. Urban Studies，38(12)：2277-2298.

Burgess J，Harrison C M，Limb M，1988. People，Parks and the Urban Green：a Study of Popular Meanings and Values for Open Spaces in the City[J]. Urban Studies，25：455-473.

Bell J，1993. Doing Your Research Project[M]. Buckingham：Open University Press.

Brown C，Farthing S M，Smith I，et al.，2005. Dynamic Smaller Towns：Critical Success Factors[M]. Cardiff：Welsh Assembly Government.

Dean J，Hastings A，2000. Challenging Images：Housing Estates，Stigma and Regeneration[M]. Bristol：The Policy Press.

Ela Palmer Heritage，2008. The Social Impacts of Heritage-Led Regeneration[M]. London：Ela Palmer Heritage.

Farthing S M，2007. Community Involvement and the Support of Village Services in England[R]. Unpublished ESRC research proposal，UWE，Bristol.

Gorard S，2013. Research Design：Creating Robust Approaches for the Social Sciences[M]. London：Sage.

Healey P，2007. Re-Thinking Key Dimensions of Strategic Spatial Planning [M]//de Roo G，Porter G. Fuzzy Planning. Aldershot：Ashgate：21-41.

Laurie IC，1985. Public Parks and Spaces[M]//Harvey S，Rettig S. Fifty Years of Landscape Design. London：The Landscape Press：63-78.

Lee P，Murie A，1997. Poverty，Housing Tenure and Social Exclusion[M]. Bristol：Policy Press.

Micklewright S，1987. Who are the new conservationists? An analysis of the views and attitudes of the membership of two new Urban Trusts[R]. Discussion Paper in Conservation No. 46，Department of Biology，London：University College.

Moseley M J，2000. England's Village Services in the late 1990s[J]. Town Planning Review，71(4)：415-433.

SEU(Social Exclusion Unit)，2001a. A New Commitment to Neighbourhood Renewal：National Strategy Action Plan[M]. London：Cabinet Office.

Shaw M，Dorling D，Gordon D，et al.，2000. The Widening Gap：Health Inequalities and Policy in Britain[M]. Bristol：Policy Press.

Wilson H，2004. Villages and Service Retention：Does New Housing Help?[R]. Unpublished Masters dissertation，Faculty of the Built Environment，UWE，Bristol.

5

描述性问题：范围、主张及抽样

核心问题

该研究的领域是什么？

数据来源有哪些？

该使用哪些数据来源？

如何选取案例（样本）以供研究？

所选样本的代表性意义是什么？

核心概念 🔑

定义；数据来源；抽样单位；案例；有效性；可靠性；代表性；实证归纳

概率抽样方法：简单随机抽样；系统抽样；分层抽样；整群抽样

非概率抽样方法：雪球抽样；配额抽样；便利抽样；志愿者抽样；判断或目的抽样

概述

如果可研究问题是研究设计的出发点，且该研究问题经论证后十分值得探究，那研究设计的后续步骤便是对此作出令人信服的回答。本章节将针对该过程的初步阶段展开论述，将涉及如何确定研究问题的领域以及选取研究案例或样本的方法。本章对此的解释是，研究问题的界定不仅有助于集中你的研究，而且更易于进行研究抽样以及选取研究案例。此外，本章节还将论述所选案例的代表性对于研究的重要意义以及如何通过概率抽样达到这一目的。但是，由于受到实际条件限制，必须使用非概率抽样方法。本章所论述研究问题的类型为描述性问题，即关于回答"是什么"的问题类型，研究的目的是对这些问题给出描述性回答。之所以对"是什么"的问题进行研究是因为鉴于我们对相关学科的了解，其答案或者研究人员对其作出的论断本身便具有价值。在描述性问题基础之上，你也可以进一步提出"为什么"的问题，这也是下一章节的主题。

界定研究问题

当我们考虑研究范围时，提出研究问题的方式至关重要。一些研究人员（你也可能是其中一员）在开展某一项目时会带着极为明确的问题，其目的也在于解决这些问题。在整理文献综述后，你会发现前人对某一课题已作出了众多研究，尽管深入研究仍待继续，但现存的研究明确了一些与该课题相关的核心概念，并给出了研究结果。

但选择文献综述表明鲜有或者无人研究的课题进行研究时，最好从开放式的探索性问题入手。受到解释主义认识论的影响，开放式探索性问题也有一套方法论进行论证。此处的论据是：研究人员希望避免将自己对某一情形的解释强加于另一情形，并且希望获得参与者的意见和观点（详见第 2 章及 Underwood 在其对伦敦自治市规划者的研究中做出的阐述）。诸如 Burgess 等研究人员（1988）也采用了此类开放式的探索性问题，因为他们认为此研究问题有待探索和发展（Mason，1996：15）。当然，他们也认为目前相关课题的文献还存在尚待填补的空白。考虑到这两点，提出更为开放性的问题似乎十分明智。

虽然开放式问题对经验丰富、时间充足的研究人员有帮助，但是就问题的本质而言，它并不能指导研究应该描述的问题。对于小型研究而言，这些问题也太过宏观。避免此类问题的一种有效办法是明确研究领域，包括弄清研究中核心概念的定义，实施研究所需的最长时间及可实施的最远地点。图框 5.1 提出了一些任何研究问题都应该包含的有关研究领域的问题，但在此情况下，哪些适用于拟议的研究问题：人们对于开放空间的用途是如何规划的？

—— 图框 5.1 ——

界定你的研究问题

1. 核心概念的范围是什么？

你对"绿色"开放空间是否感兴趣？对"绿色"的程度你又是如何定义的？比如，在一些城市，人们可以在布有"硬质景观"的非绿色开放空间内行走和娱乐，那么这样的土地是否可被视为城市开放空间的一部分？

你是否对人人都有权进入（至少原则上如此）的公共开放空间感兴趣？或者说，我们对开放空间的定义是否包括私人开放空间，诸如花园以及过去为工业用地(所谓的"棕色地带")但是如今重新回归绿色,被当地居民及其子女随意使用的土地?

那么位于城市内部的是否称得上是开放空间? 就目前来看,这似乎是问题的意义所在。但是你可能会对城市居民对开放空间的使用感兴趣,无论这一开放空间是在城市之内还是之外。比如那些就在城市建成区之外但却在城市行政管辖边界之内的空间。

接着是关于"使用"的问题。需要对什么样的行为进行调查? 有许多行为和用途可能会引起人们的关注。休闲用途或工作用途是否也会产生相同效果? 此外,坐在某处,对着一块绿地深思是否也在"使用"的范畴之内?

2. 你对课题的哪一方面感兴趣?

你是否对开放空间使用者的行为感兴趣? 或者是使用者每周花多少时间在这些不同的事情上? 又或是使用开放空间的经验? 或者是开放空间使用者的态度和信仰? 还是说你对这些因素都感兴趣?

3. 描述的时间框架是什么?

是出于对当前开放空间使用的兴趣,还是对城市开放空间随时间流逝在使用上发生的变化感兴趣? 如果是这样,时间跨度有多大?

4. 描述的地理位置是哪里?

是针对国内的所有开放空间,还是仅针对位于特殊地点及地区的开放空间?

5. 描述的概括程度如何?

你是否想对不同人群的使用模式进行描述? 例如,你是否想对不同年龄的开放空间使用者的使用模式展开描述? 对老年人及年轻人的使用模式进行对比? 还是对男女的使用模式进行对比?

6. 你的兴趣抽象程度如何?

你是否只是对开放空间的使用感兴趣? 还是因为它可以折射出别的东西所以才感兴趣? 例如,社会资本可通过开放空间内的共享活动在社区中建立起来,或者女性对男性暴力的惧怕而在活动模式上很是拘束?

来源:改编自 de Vaus(2001)

图框 5.1 中提出的每一个问题都是用于改进和明确研究的重要考虑因素。其中一个重要的因素是思考问题的核心概念,以及你将在研究中使用到的定义。定义很重要,因为我们需要通过正在研究的现象来尽可能地明确我们的目的。

一些园林规划的评论家指出了这一领域中出现的通常相当模糊的定义（Campbell，2003；Taylor，2003；de Roo和Porter，2006）。"可持续发展"概念中夹杂着一系列各不相同且有时相互矛盾的目标，Taylor（2003）对此现象提出了批评。Campbell（2003）给出了这些例子："社区""参与""社会资本""包容度"。她指出我们可能认为用户都是以同样的方式理解这些概念的，但实际上不同用户会有不同的理解。这一点对于研究的意义在于，对于研究现象的不同定义可能会导致完全不同的结果。阅读文献时，明确哪些定义已被使用以及这些定义和脑海中已有的定义的相关度至关重要。

对这些问题的回答将影响到你会选取哪些案例样本进行研究。案例是指"发生于时间和地点的现象"（Hammersley，1990：28），从案例中可以获取数据。我已提到过，在规定时间内可供研究的案例十分有限，可能在数量上比你认为可能存在或潜在的案例总数更有限。

抽样：数据源和研究方法

Blaikie（2000：197）强调了关注抽样的重要性，"抽样往往是研究设计中最薄弱，也是最难理解的部分。所选样本类型和选择方法可能会对研究设计的其他方面产生影响，也将决定研究的结论类型"。

抽样的第一个重要步骤是考虑从哪些不同的数据源中可以获得数据以回答研究问题。数据源的概念有时用来描述二手数据的存储库，比如，可以获取数据的人口普查或其他官方统计数据。在这种情况下，数据源有不同的含义，它们是"你认为可以产生数据的那些地方或现象"（Mason，1996：36）。规划研究中的大量数据来自人，但出版物、行政记录、地图、计划、图表和法律都可以被视为研究的数据来源。这些数据源也可以在任何特定的研究中综合使用。考虑到数据有时可以通过多种方法产生，因此将数据源和收集方法分开考虑是很有必要的。

再回到开放空间的问题上来，你是否对不同类型的使用行为感兴趣？如果是这样，那么城市中现有的开放空间，公园和绿色区域都是显而易见的数据来源地。各种各样的活动如踢足球、慢跑、遛狗、安静坐在长椅上等都发生在"自然"环境中，因此观察这些行为的研究人员可以声称他们并没有对被观察行为产生影响。

实际上，一些活动相较于其他活动而言通过观察更容易描述。例如，在英国的文化背景之下，很容易看到人们踢足球。但是通过观察那些正在开放空间散步的人，除了知道他们正在步行之外，无法进行归类。动作被归为步行的人可能有以下几种：去购物的；或者健身的；或者带着孩子去锻炼的（众所周知，就是"释放精力"）、减肥的；或者以情境主义的政治姿态，作为与环境接触的一种方式（而在车里没有这种感觉）。此处的数据来源是行人的想法或者他们对自己行为的理解，为了弄清楚这些，你需要提出问题。

如果你对开放空间的使用体验以及使用者对于开放空间的态度和信仰感兴趣，那么提出问题也十分必要。提问题的方式有很多种，比如，你可以让使用者填写一份问卷。但是，我们在第 2 章看到，Burgess 等人（1988）反对使用这一方法来收集用户对于城市内开放空间的态度和价值观方面的信息。他们主张"定性方法"，即选择一类特定小组进行访谈，由此从中获取数据。

此外，描述开放空间内使用行为的时间框架是另一重要的考虑因素。目前，公园和开放空间内的使用行为都易于观察，但随着季节交替以及在更长的时间跨度下，使用行为可能会有所变化。大多数小规模研究时长最多只有几个月，所以除非你询问使用者现在和过去有关开放空间的行为和经历，否则研究随着时间推移而产生的使用变化是不可能的。回顾性研究存在的潜在问题是，人们的记忆并非可靠。此外，抽样也存在问题，那就是该询问哪些用户？是目前正在使用开放空间的用户吗？如果是这样，那么你很可能会错过那些过去曾经使用过的用户。如果你选取了居住在可进入开放空间地区的用户，也会出现另外一个问题，那就是，目前居住在该地区的并非就是过去居住在该地区的用户。人口流动，人口老龄化，生老病死等因素都会导致用户的变化。

抽样和研究案例的选择

一旦明确了所需的潜在数据来源，并且从中可以获取数据以回答描述性的研究问题，下一步就是思考明确的研究案例，因此需要考虑抽样的问题。关于抽样，你需要考虑研究的实用性，以及你想要查明的案例与你可能需要采样单位之间的差异。

抽样单位和案例

有时抽样单位可能与你想要研究的案例不匹配。你可能会对规划人员在处理发展提议时的行为（或实践）感兴趣（而不是，例如，对制订计划或研究政策性问题感兴趣）。在这种情况下，规划人员将会考虑提议发展的人、当地居民和其他地方政府成员的不同关注点。Hoch（1996）发表了一篇题为《美国规划者在做什么？》的论文，很显然，他对这个话题很感兴趣。美国的规划者数量众多，他们要处理许多发展提议，因此，关于规划者如何应对发展提议的潜在案例数量十分可观。但是，如果我们想选取一个样本进行研究，很明显，关于规划者们如何处理发展提议并没有一份详细的行为清单，从中可以选取某一案例进行研究。

解决上述问题的切实有效的办法便是从"可供抽样"的对象入手，即将规划者视为数据源，对其进行采访以获取其应对发展提议的行为信息，这也正是你的兴趣所在。你需要选取几位美国规划者作为访谈对象，构成抽样单位，但真正构成研究案例的是规划者应对发展提议而做出的行为。在 Hoch 的论文中可以看出这似乎是他采取的方法，尽管其研究案例的实际样本总数尚不明确。他谈论起关于他对美国规划者的研究，并只选取了两位规划者对自己的行为做出的描述，这表明他的研究案例中样本很少。规划者们详细介绍了自身参与的四个发展案例和在这些案例中遇到的问题——缺乏公正或政治偏袒，以及为应对这些问题和鼓励实践民主而采取的行动。

效度和信度

Mason(1996)指出抽样和研究的案例选择密切关系到效度和信度的问题，而效度和信度能够反映研究的质量。在这一背景下，效度是指研究人员在某一研究中对其正在测量的事物所测出的准确程度。对规划者的访谈告诉我们的是他们在处理发展提议时采取的措施？还是更多地告诉我们对开发人员或公众的态度？比如，规划者在事后能否对其行为进行理性分析，并对所发生事件做出准确描述？或者说，他们是否描述了在那些情形中自己最倾向于做的事情？如果以上叙述都是不准确的，将会影响到描述的效度。对此我们可能有所担忧，但却认为这可能是获得规划者行为数据的唯一方法。当信度出现争议时，通常和询问方式的一致性有关，即不同的规划者可能会以不同的提问方式被问及他们所处理的发展提议，从而可能会导致他们以不同的方式回答（研究的效度也将受到影响）。

代表性和实验归纳

最广泛的所有潜在案例集合被称为人口，从中你可以选抽样本案例。选取样本而非对所有人口研究的原因是：(a)你往往不太可能从确定的数据来源中获得人口数据，因为数据来源太多了，事实上，可能有无数种情况；(b)其中一些人无法采访到；(c)在样本数量庞大的情况下，在现有时间内难以做到对其进行详细描述。

再回到开放空间的例子，如果你对开放空间内人们的使用经验感兴趣，那么在任何一个城市或国家都存在大量可供描述的"使用经验"。这是因为城市中人口密集,绿色空间众多,每去一次绿色空间都是不同的使用体验。同样,如果你对城市空间相关策略制定的特点感兴趣,或者是对城市发展提议,又或者是对规划者开展工作时的活动及行为感兴趣,那么潜在案例的数量也十分庞大。但是,对某些研究而言,能够用于产生数据的潜在案例数量相对较少。此外,如果你对影响空间策略制定行为的话语感兴趣,那么可供研究的话语数量也很少。

那么你所选取的研究样本和更为广泛的样本人群之间存在着怎样的关系?如果你的兴趣在于对使用行为及经验进行描述,那么你必然希望所选样本具有代表性。

为什么你可能会关注所选样本的代表性?

你可能会关注样本的代表性,这样你就可以宣称从样本中产生的证据适用于整个人群。为了达到这一目的,需要使用样本对人群进行经验概括。例如,Hoch(1996:238)在其关于美国规划者处理发展提议行为研究的论文最后以保守的方式作出了这样的概括:"我们会忽视甚至可能会轻视规划者所带来的微妙却无所不在的政治影响力,他们注重公平、民权社会准则、政治合法性及专业技术。尽管规划者做的这些事情在美国并不是随处可见,也不是时时刻刻都在发生,但是却十分常见。""十分常见"这一频率究竟有多高还尚未确定,那么关于这些案例在多大程度上能够明确论断必然还存在问题。

如果你对描述"典型行为"或经历(即城市内开放空间的使用经历,或者说是人们平均每周花费在公园和开放空间上锻炼的时间)感兴趣,那么你可能想通过样本归纳信息。或者出于各种政策原因,你可能想把这些典型或一般的使用经历及行为根据性别和年龄进行划分。比如说,整个人口都存在肥胖问题,你想明确更应鼓励哪一组人群参加锻炼(这些人坚信通过锻炼可以达到减肥的目的)。一般来说,你越想描述人口中子群体的行为,你需要选取的样本案例就越多。

不是每一个你想描述的对象都必须在国家层面上具有代表性,你所选取的人群可以是地方性的或只局限于某一区域。只对某一特定区域内的规划实践进行描述是完全可以被接受的。实际上,有一些人指出,许多规划方面的作者都认为规划是一项全球性的活动,不论在哪实施,其特点都不会发生变化,因此他们很少会注意规划实践发生的背景(Watson,2003)。但是,规划者在多塞特遗产改造背景下的实践(以一组实际研究样本为例)可能是可供归纳的合适群体,即便这种程度的归纳并未得到某些研究人员的认可,因为这类研究人员只倾向于描述特定区域和时间的规划实践。

为什么你可能不会关注所选样本的代表性？

你认为人类行为肯定会受环境的影响，所以你会质疑从案例样本中进行归纳的必要性。人们可以轻易得出这样的结论：和环境无关的归纳对解释人类行为几乎毫无用处（Guba 和 Lincoln，1982：62，引自 Gobo，2008：196）。如果你在研究中试图针对某种复杂行为给出被称之为"特例研究"的描述，这就需要对社会进程及行为发生的背景进行细致调查。这一情况下，你就不会关注归纳的问题。

不关注代表性问题的其他现实原因是，基于可供研究的时间十分有限而实施具有代表性研究的代价太大，所以最好的办法是只研究少数案例。此外，从文献综述中得知某一社会实践的相关信息十分匮乏后，你可能想对其进行初步探索。最后一点是，使用概率抽样方法（该方法允许从样本到总体的一般化）几乎是不可能的，这是因为找到可以随机抽取样本的人口清单十分困难。这一点是规划研究的一大问题（下面列举了现有居民抽样名单存在的一些问题）。

抽样方法

抽样方法通常分为概率性和非概率性采样。如果你的样本是从总体中随机选择的（即通过概率抽样），有一些统计方法可以让你以不同程度的置信度对总体进行概括，但这主要取决于你能够调查的样本规模。使用定量方法的研究人员通常对其样本案例的代表性以及他们从调查样本中产生的描述可以推广到更广泛的人群的程度感兴趣。定性研究人员，如上面提及的 Hoch，也可能对此感兴趣。他对更广泛人群即美国规划者的实践尤为了解，他所选取的案例旨在表明，正如 Hammersley（1992）指出的那样，定性研究人员并未阐明案例总数。同时，这一批判也针对许多定量研究人员。

概率抽样方法

概率抽样有多种方式（见图 5.1）。例如，Blaikie（2000）认为，第一个方法是设定所有其他抽样方法的评判标准，尽管我只会在研究目标是推广至从中选择样本的总体时才增加这种标准。简单随机抽样是指从一个群体中每个给定大小的样本都有相同的被选中的机会（Blaikie，2000）。与其他随机抽样方法一样，简单随机抽样需要一个能从中选择样本总数的列表（即样本框架），并且对列表进行编号，以便使用随机数字识别要抽样的案例。

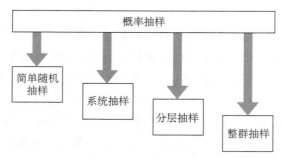

图 5.1　概率抽样类型

　　系统抽样与简单随机抽样方法相似,要求你能再列出你感兴趣的人群。例如,这一地区有 500 位居民,你想对其中 50 人进行抽样调查,了解这些人使用开放空间的情况,那么你的抽样比例则为十分之一。你会使用随机的方法从这张列表中选择第一个案例(在前 10 个当中),接下来,在每十个当中选择一个样本案例。你可能会用一个居民列表当作你的抽样框架,之后从这一列表中进行抽样调查。英国的选民名册上面有居民的姓名和住址(不包括无投票权以及放弃投票权的人)。据我所知,只有大约三分之二具有投票资格的选民在这个册子上。另一种方法是从邮编地址文件中进行抽样,居民住址与每一邮编区域内"小部分用户"的住址近似。每一个住址内可能有不止一个住户,因此,在每一住址内都进行随机抽样调查是必要的,而抽样调查的方法也许是寻找那些出生日期与询问日期最近的人来回答问题。

　　分层抽样用于确保样本中特定群体的比例至少与总体的比例相同,这是简单随机抽样无法保证的。而你关注的可能是,确保年轻人对开放空间的利用情况是适度的,但这取决于你是否能够从样本框架内剩余的人中找到哪些是年轻人。如果你能做到这一点,那么就有可能使用分层抽样的方法。假如,500 个人当中有 100 个年轻人,你可以从这 100 个年轻人当中随机抽出 10 个人,再从剩下的 400 个人当中随机抽出 40 个人作为样本。实际上,将年轻人组成一组进行抽样调查并不简单。

　　如果你特别关注年轻人的行为和兴趣,那么你可能会对年轻人进行过度抽样,这样你的样本中就不只 10 个人了,你可能会从年轻人当中抽取 25 人作为一半的样本,从年龄稍大的人中再抽取 25 人作为另一半样本。虽然这一样本量很小,但是也会使分层抽样的比例失调,并且你可能会比较年轻人和年龄稍大的人的行为和动机。

　　用概率抽样法得到的样本量,其重要性在于:在同等条件下,你获得的样本量越大,你就越有可能发现你的子样本里存在显著的统计差异,因此你会用已知的"置信系数"对更大的人群进行经验归纳（见第 8 章）。不同等条件下，问卷调查研究得不到回应的情况很多，这会削弱处理样本的代表性和归纳的广泛性。

整群抽样：你无法获得你所感兴趣的群体的抽样框架时，就可以用整群抽样法。我们继续讨论上文中的例子，如果你对年轻人的观点和行为感兴趣，你可能会认为通过学校对年轻人进行抽样调查是可行的。学校里聚集着大量的年轻人，你可以从中抽取样本，构成案例，进行研究。这一方法的优点在于你能获得你想要的案例，缺点在于你所选择的是学校里的年轻人并不具有代表性，另一个使用整群抽样的例子是研究城市中无家可归的人，你或许会选择收容所里无家可归的人作为你的样本群，但这样会让你的样本变成"偏性样本"，因为你的样本没有包括居住在收容所以外的无家可归的人，这些人或许睡在马路上。

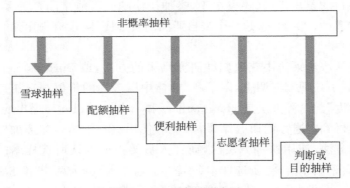

图 5.2 非概率抽样类型

非概率抽样法

虽然随机抽样的方法具有吸引力，但是如果想对所研究的总体案例进行归纳，不仅困难、费时，而且难以辨别出你想要进行抽样调查的样本。从实用性角度出发，规划研究人员会选择使用非概率抽样法选取调查案例（见图 5.2）。使用定性研究方法的研究人员通常会使用非概率抽样法，因此可能不会对典型例子做过多的论述。

Burgess 等人（1988）的研究，阐明了非概率抽样的两种方法，回顾第 2 章 Burgess 等人（1988）的摘要部分，在文章的开头是这样说的，样本中的人们参加了 4 组访谈，并且他们都居住在伦敦格林尼治区。而在另一篇论文中（Burgess 等，1990），小组的研究人员解释了他们参加这一项目的关注点。20 世纪 80 年代规划系统展开的对自然保护和景观保护的辩论不仅没有涉及保护多数人可去的城镇和废弃场中的私人村庄（1990：144），也没有关注"'普通'野生生物消费者"

的呼声,Harrison 受到这样一种观点的影响。因此,可以认为这项研究结果与居住在英国城市开放空间附近的广大普通"野生生物消费者"群体有关。在一定程度上选择格林尼治具有偶然性,Harrison 和 Goldsmith 两位成员竭力反对修建一座横跨泰晤士河的大桥,因为这一工程会使得整个格林尼治区的开放空间受到影响。Harrison(Burgess 等,1990:144)想要关注的是伦敦区内代表性人群的态度和价值观。其抽样方法是征募住在格林尼治区的人,邀请他们参加四组访谈。这些社区在社会经济、民族特性、住房类型和开放空间供应等方面,各不相同。Harrison 和 Goldsmith 抽取样本时,采用的是雪球式抽样法,首先与每个街区的社会团体取得联系,再将征募消息告诉对项目感兴趣的朋友和邻居(Burgess 等,1988:457 脚注 2)。雪球式抽样法的优点在于,能够加快寻找愿意参加研究项目的参与者;其缺点在于,参加访谈的人可能是朋友关系,可能在该区不具有代表性。例如,这是一个来自亚洲的女性团体,没有一个来自亚洲的男性团体。

为了能从小组采访中获取归纳研究结果的方法,或 Burgess 等人(1988)所说,他们开展了一项家庭调查,以了解"群体中所表达的价值观在更广泛的社区中的共享程度"。这种方法是 Hammersley 和 Atkinson(1995)提出的,定性研究人员为了能得到普遍性的研究结果,可能会使用这一策略。配额抽样也是一种选择样本的方法,使用这种方法时,研究人员要提前确认所选样本的特点。例如,你可能会根据年龄,将所选样本(年轻人/老年人)分为两类,再根据性别(女性/男性)分为两类,因为你认为这些特点可能会影响人们使用开放空间的方式。那么你会得到四类样本,你可以将 100 个样本人群中每 25 人作为一个子样本。Burgess 等人(1988)使用过这一方法,见图框 5.2 中的摘录。

--- 图框 5.2 ---

范例——Burgess 等人(1988)采用的配额抽样法

为了探究更大范围内小组成员的价值观在多大程度上是相同的,我们在格林尼治区开展了家庭调查研究。四个小组的研究主题是:特定区域内所提供的开放土地是在多大程度上影响了人们对开放空间的看法及使用情况。因此,我们没有选择随机抽样方法对多个家庭进行调查,而是选择了基于小组成员居住的相同地区的配额抽样法。我们在埃尔特姆、普朗斯特德以及泰晤士米德镇使用 CACI 橡子型(CACI,1983)对两类社区进行了抽样调查。在以上每一个案例中,一类社区的特征是业主自住率高,且聚集的是社会经济上层人群;而另一社区里,住房租用率高,聚集的是社会经济的底层人群。因此,就可以在社区之间进行比较，比较在城市和其他地区，社区的居民去往较远地区开放空间的方式。另外两个样本来自伍利奇地区：一类是白人家庭，一类是亚洲家庭，这是我们从 25 个样本家庭中挑选的 8 个子样本。在这次的研究中，对一些抽样小组进行了较多的访谈，共进行了 212 次访谈。

来源：Burgess 等（1988：458-459）

　　Burgess 等人并没有使用比较传统的人口统计方法，即年龄和性别，而是使用了三种不同的方法。第一种方法是，他们想要其配额样本能够覆盖居住在不同开放区域的人们，这种方法可以用在研究的第一阶段，使用雪球式抽样法，将社区进行分类。通过小组访谈，他们验证了其配额抽样方法影响着人们对开放空间的看法和使用情况。第二种方法是，在这些社区，他们希望将样本划分为两类人群，一类人群是由于没有可使用的交通工具，被局限于使用当地的开放空间，另一类人群是能够进入更远开放空间的。研究者们没有对这一样本分类方法直接进行评估，而是以 CACI 橡子类型对不同街区类型的评估为前提，CACI 橡子类型里业主自住率和社会经济群体水平不一。并且，这种样本单元分类方法与汽车拥有率以及由此所产生的流动性有关。在不同类型的区域内进行抽样调查，其样本结果可能也是不同的，但是，这并不是绝对的。最后一种方法是，他们想要选择的受访人群来自不同的种族（白种人/亚洲人）。考虑到便利性，由于亚洲人口在该镇（伍利奇镇）的一个街区中代表人数过多，所以研究人员希望根据本地的族裔出身来选择受访者。最后他们得到了八种类别，如表 5.1 所示，他们决定在每一个子样本类别中抽取相同数量的受访者进行调查，最后得到的目标样本总数为 200。他们没有公布在这些街区内是如何选择受访者进行访谈的。无论采用何种方法，研究人员都要继续他们的工作，直到完成采访的配额。

　　有趣的是，研究人员没有使用概率抽样法。他们这样做是因为，从提供开放空间的角度来看，研究人员想在其样本中体现不同的区域类型，而对格林尼治区的家庭进行随机抽样时，则没有必要选择这些生活在不同区域类型里的样本。对于随机抽样的批评都是合理的。分别对生活在充裕开放空间和有限的开放空间的人进行随机抽样，可能会导致抽样不足或抽样过量。但是，通过上文中阐述的概率分层抽样法，便可以解决这一问题。然而，我认为，在实际操作中，制定出一个充分的样本框架，并将其使用于格林尼治区的人们，是非常困难的，而且，研究人员认为，在这种情况下，配额抽样更加"经济，易于管理和操作"（Blaikie，2000：205）。

表 5.1　格林尼治社区配额抽样框架

开放空间配置	社区的社会特征及目标配额抽样规模	
开放空间形式多样(埃尔特姆)	开放空间使用率高达 25％	开放空间使用率低于 25％
新建公园及野生灌木丛和沼泽(泰晤士米德)	开放空间使用率高达 25％	开放空间使用率低于 25％
配有少量公园的两类大型公共开放空间(普朗斯特德)	开放空间使用率高达 25％	开放空间使用率低于 25％
配有若干公园的公共开放空间(伍利奇)	亚洲人占 25％	白人占 25％

来源：基于 Burgess 等人的研究,1988：457

表 5.2　目标型案例选择框架：大不列颠规划风格

城市问题的已知本质	对市场的处理态度	
	市场关键	市场导向
繁荣地区：问题少,市场活跃	剑桥区域	科尔切斯特;艾塞科斯
边缘地区：城市问题少及潜在的市场利益	伦敦可茵街区	伦敦码头
废弃地区：大量的城市问题,市场萧条	格拉斯哥东部地区改造项目	斯托克布里奇村,诺斯利

来源：源于 Brindley 等人(1996：表 2.1)

方便抽样,顾名思义,是一种运用一个方便的案例样本研究一个问题的抽样方法。根据研究人员的需要,可以很容易找到案例。如上所述,根据配额样本对案例进行最终的挑选,这种做法可以看作是,一种预先在各类别框架内进行任意抽样的方法。

志愿者抽样是指参加此研究的人是自愿的,响应一则广告或一般性要求,在研究中扮演一个角色。

判断或立意抽样是指研究者选择"典型的"或者自己"感兴趣"的案例进行研究。Brindley 等人(1996：iv)对"撒切尔时代英国规划实践的多样性"的研究中,有一个立意抽样的例子,涉及多种案例的选择。他们选择研究的案例是基于这样一种理论,即一个地方的规划实践的性质受到两个因素的影响。一个因素是在一个地区中,城市问题的本质是什么(或者说发展的压力有多大)。这一因素可以让研究人员区分三个层次的市场压力,即繁荣区、边缘区、废弃区。另一因素是主要参与者对市场的态度,一类人认为市场很关键,一类人认为市场是导向。根据这两种评判标准,产生了六种不同的规划实践。Brindley 等人选择了符合这两种标准的规划实践案例，并做了详细的描述。而我认为，像 Burgess 等人（1998）使用的配额抽样法一样，Brindley 等人在所确定的六大类规划实践中，最终选择使用的案例是研究团队中已知的任意案例。根据他们的大众规划类别："由当地街区在自己的社区内进行规划。它既涉及规划提案的制定和当地社区组织对提案的实施"（1996：74），在伦敦科因街以外的街区，可能没有更多的案例了。

小结/核心观点

在这一章中，我认为提出一个有研究意义的问题后，研究设计的一个重要步骤是关注研究问题，然后思考调查的案例以及对特定的抽样方法的论证。

1. 明确并界定自己的问题中的**核心概念**的本质，为自己的研究规定时间框架和地理重点，确定研究兴趣的范围，从而专注于自己的研究问题。这决定了你会选择什么样特定的案例进行调查，并以一种更加直接的方式生成数据。

2. 在进行研究时，要区分你感兴趣的**案例**和**数据源**。你感兴趣的案例是指那些可能不会立即获得或者观察到的案例；而数据源是指通过某种数据生成方法获得有关案例信息的人员和地点。

3. 考虑到通常不可能调查某一特定现象（群体）的所有案例，所以在推进设计工作时，考虑所要调查的案例样本很关键。为获得正在调查案例的数据，可能会对数据源进行抽样，那么，数据源就称为抽样单元。

4. 选择样本时，你是否希望这一样本能够代表这一类群体？除非这一样本本身是有趣的，否则尝试回答"什么"的问题往往是为描述具有代表性的某些行为或事件或者实践。也就是说，在研究的基础上，你可能想要对更广泛的群体进行一些实证性的总结。

5. 假如目标是有代表性的，并且在从群体中随机选择样本时，有一些可行的办法，那么，使用随机抽样法是一种明智的选择。然而，在许多的研究情况中，随机抽样是不可行的，所以你需要使用其他的非概率抽样法。

练习：关注你的研究问题

将图框 5.1 中的问题运用到你自己的研究问题中。除了为核心概念下定义外，思考研究的时间框架、地理位置、问题描述的普遍性以及你所感兴趣的话题的抽象性等都是很重要的。

> 样本案例
>
> 思考下列问题的答案：
>
> 1. 什么样的"数据源"可以帮助你解决研究问题？
>
> 2. 你打算从哪类广泛群体中选择样本？以及你的样本案例所代表的这类广泛群体的重要程度？
>
> 3. 你可能使用哪种抽样方法？概率抽样法还是非概率抽样法？
>
> 4. 在进行调查时，你可能会对哪些典型的案例感兴趣？

拓展阅读

运用了美国规划者的样本框架，和基于概率抽样、简单随机抽样的一项规划研究，参见：Hoch C，1988. Conflict at Large：a National Survey of Planners and Political Conflict[J]. Journal of Planning Education and Research，8（1）：25-34.

我在这章中所引用的 Burgess 等人（1988）的研究阐述了一系列非概率抽样：Burgess J，Harrison C M，Limb M，1988. People，Parks and the Urban Green：a Study of Popular Meanings and Values for Open Spaces in the City[J]. Urban Studies，25：455-473.

White（2009）对提炼研究问题提供了非常有用的指导：White P，2009. Developing Research Questions[M]. Basingstoke：Palgrave Macmillan.

如下书目讨论了在研究设计背景下的抽样和案例选择：

Blaikie N，2000. Designing Social Research[M]. Cambridge：Polity.

de Vaus D，2001. Research Design in Social Research[M]. London：Sage.

Gorard S，2013. Research Design：Creating Robust Approaches for the Social Sciences[M]. London：Sage.

Greener I，2011. Designing Social Research[M]. London：Sage.

参考文献

Blaikie N，2000. Designing Social Research[M]. Cambridge：Polity.

Brindley T，Rydin Y，Stoker G，1996. Remaking Planning：the Politics of Urban Change[M]. London：Routledge.

Burgess J, Harrison C M, Limb M, 1988. People, Parks and the Urban Green: a Study of Popular Meanings and Values for Open Spaces in the City[J]. Urban Studies, 25: 455-473.

Burgess J, Goldsmith B, Harrison C, 1990. Pale Shadows for Policy: Reflections on the Greenwich Open Space Project[J]. Studies in Qualitative Methodology, 2: 141-167.

Campbell H, 2003. Talking the Same Words but Speaking Different Languages: the Need for More Meaningful Dialogue[J]. Planning Theory and Practice, 4(4): 389-392.

de Roo G, Porter G, 2006. Fuzzy Planning: The Role of Actors in a Fuzzy Governance Environment[M]. Aldershot: Ashgate.

de Vaus D, 2001. Research Design in Social Research[M]. London: Sage.

Gobo G, 2008. Reconceptualizing generalization: Old Issues in a New Frame[M]//Alasuutari P, Bickman L, Brannen J. The Sage Handbook of Social Research Methods. London: Sage: 193-213.

Greener I, 2011. Designing Social Research[M]. London: Sage.

Guba E G, Lincoln Y S, 1982. Epistemological and Methodological Bases of Naturalistic Inquiry[J]. Educational Communication and Technology Journal, 30: 233-252.

Hammersley M, 1990. Reading Ethnographic Research: A Critical Guide[M]. London: Longman.

Hammersley M, 1992. What's Wrong with Ethnography?[M]. London: Routledge.

Hammersley M, Atkinson P, 1995. Ethnography: Principles in Practice[M]. London: Routledge.

Hoch C, 1996. What Do Planners Do in the United States?[M]//Mandelbaum S J, Mazza L, Burchell R W. Explorations in Planning Theory. New Brunswick, NJ: Rutgers, the State University of New Jersey: 225-240.

Mason J, 1996. Qualitative Researching[M]. London: Sage.

Taylor N, 2003. More or Less Meaningful Concepts in Planning Theory (and How to Make Them More Meaningful): A Plea for Conceptual Analysis and Precision[J]. Planning Theory, 2(2): 91-100.

Watson V, 2003. Conflicting Rationalities: Implications for Planning Theory and Ethics[J]. Planning Theory and Practice, 4(4): 395-407.

6
解释性问题：出发点、主张和抽样

—— 核心问题 ————————————————————

回答"为什么"问题的出发点是什么？

有哪些不同的方法可以解释事情发生的因果？

在规划中什么样的批评是由因果分析组成的？

如何确定因果关系的存在？

在研究基础上，你还能提出什么样更具包容性的主张？

你如何选择研究的案例？

案例研究是什么？

核心概念 🔑

因果解释；理解；意义；理论概括；归纳原理；伪证；关联；内部效度；外部效度；判断或立意抽样；临界抽样；最大变异抽样；理论抽样；深度描述；案例研究

概述

前一章审查了研究课题的方向，并对抽样案例中的课题进行调查，以回答描述性问题。本章讨论了"为什么"或解释性的问题，目的是为了让该研究容易理解。本章的第一节，从不同的出发点简要地进行讨论，来回答这样一个问题：一些研究者从假设入手，而另一些研究者对研究中可能出现的答案更加感兴趣。

出发点

任何一项研究都会提出一个解释性的或是"为什么"的问题，因此其出发点很明显，即需要对以往研究中存在的困惑予以解释。文献综述发现，人与人之间的行为方式或社会生活模式是有差异的。例如，如果一些描述性的研究已经证明了英国不同地方所提供的经济适用房的数量有差异，那么这里的困惑就在于找出发生这种情况的原因。你想从目前的情况中为为什么会发生这种情况找到一些解释。另一种可能是有证据表明发生了什么事，你想知道它产生了什么影响。由此，你也许会对评估政策的影响，以及考察政策的结果感兴趣。一项政策存在预期的影响或者我所感兴趣的影响吗？这类问题是规划政策讨论中的关键点。在农村聚居点建造新住房能帮助这些地方保留地方服务吗？伴随着新住房开发提供的地方服务设施是否会减少那些区域居民出游的数量？

与前面的情形一样，这个问题更是一个开放性的，对于经济适用房在空间数量分布的变化，可能有很多不同原因或解释。因此本研究问题不会太多关注或者指导该进行什么样的研究以及生成什么样的数据。有关政策对政策目标设定影响的问题确实在这方面提供了更多帮助。

图 6.1 归纳解释法及其理论发展

对于开放性问题，一些研究人员采用并提倡在他们调查的案例中对数据进行开放性归纳探索，以解释这个困惑（见图 6.1）。当然，在开始一项研究课题前，应对其进行预先设想，否则将难以开展。因此，即使你能接受任何可能会发生的结果，也需要针对研究设定初步的指导思想，这正如我在上一章对于描述性问题的解释相同，有利于审视你的研究问题。但是我认为，对于学生而言，确定一个你认为可能是答案的假设可能益处相当多。这些假设的来源是多种多样的。例如，文献综述可能已经揭示，在以往的一篇文章中，研究者对地方之间的差异已有详细的解释。你可能已经决定采纳这一解释，将其作为一个有待证明的假设，并根据图框4.1列出的原因类型进行进一步的论证。如专业期刊或其他地方的文章所示，参与研究的从业者可能有自己的解释，或者对于为什么会发生这种事情你有自己的想法或者预感，则可以此作为你的研究基础。这是一种**演绎**解释法（见图 6.2）。假设为案例选择的类型、数据的收集和分析提供指导。解释可以通过研究的证据得以佐证，也有可能证据不足而被推翻。这种方法与研究者使用的定量法相关，然

图 6.2 演绎解释法及其理论发展

而它也不仅仅局限于定量法,定性研究者亦可使用这种方法(见 Mason,1996)。

因果解释或理解?

我想提请注意的是,作为一名规划研究者,你的兴趣点也许在于通过确认相关的因素或原因来解释为什么某事情会发生在你所研究的情形中。或者你的兴趣更应该放在,通过观察所处情况中涉及的世界观或者看法,以及人们对一定行为背景中自身行为原因和行为意义的解释,来理解为什么某些事情会发生。当然,你可以同时观察这些因素和原因,因为人们对某种情况作出何种的反应,以及他们如何解释他们以特定方式行事的意图,可能会受到他们意识不到的一些背景因素的影响。你在此做出的假设会将你的研究引入不同的方向。

Rydin(2007:53)强调了因果解释在规划研究中的作用。她认为:

> 知识较之于信息和数据,其不同之处在于,知识的核心是因果关系的确定。这就是为什么知识与规划具有重要关联的原因。由于规划旨在创造具体的影响,因此规划者需要了解这些影响是如何从具体的规划行动中产生的;他们还需要了解行动和影响之间的因果关系。

如果我们把解释看作是对一个研究项目中所考察的一个特定案例或者多个案例相关的"为什么"的回答,那么它作为一种解释是令人信服的,因为这种解释基于一个理论。什么是理论?理论"关注的是,为什么某类现象无论在何地发生时,这一类现象总会产生另一类现象(在其他条件都相同的情况下)。"(Hammersley,1990:48)因此,它们关心因果关系和规律的推导。按照这种模式,实施解释的逻辑应该是:"如果有 C,那么就有 E。如果没有 C,那么就没有 E。"(Fay,1996)这有时被描述为因果关系的恒常连接模型。原则上,规律具有普适性。但是,批评者说,这正是规划理论存在的问题,而社会科学理论被认为普适性更强(见 Fischer,2003)。

那些质疑普适性的人强调社会行动背后的意义、自我理解和意图。据说,社会科学的对象是有意向性的现象(Fay,1996)。我们能理解它们,是因为我们理解它们相关行为的意义。就如我们对人们使用开放空间的看法,当我们看到有人在公园散步或跑步时,我们需要了解开放空间对于他们来说意味着什么。他们穿过公园是为了去商店购物,还是为了锻炼身体?随着一些新想法的出现和新意图的产生,这些意义可以随着时间推移而改变。慢跑是最近才开始发展的活动。60 年前,还不可能研究慢跑,因为它还没有作为一种娱乐活动而存在。在国家控制土地利用发展之前,还没有申请规划许可一说。这就是说,因果概括最多只能适用于特定的历史时期。Flyvbjerg(2001：39)提出了这一点，他认为，在普遍的意义上，无背景的理论是不存在的，可能将永远都不存在。社会背景改变了参与行动的意义。因此，也许他的关于理论适用性局限于特定的历史时期的观点，就是他通过描述所运用的理论所表达的意思，他认为这是"软"理论或"非预测理论"。（然而，这并不能阻止他从早期的尼采和马基雅维利理论中受到启发！）

辨明原因

在那些视社会研究为一种科学活动的研究人员看来，辨明原因的理想逻辑就是使用自然科学中的实验法（见 Preece，1990）。但在社会研究中，能够运用实验法对研究对象进行适度控制实属罕见，并且为什么不可以对人类进行实验是有伦理原因的。如果某事被认为是好的，那么每个人都应该有机会从中受益。有时公共项目为研究人员提供了机会，以考察一个项目所带来的变化影响，可能是通过试点项目的资助（如参见 Deyle 和 Slotterback，2009），也可能是通过政策的逐步实施，允许率先实施这一政策的一些区域与非率先实施的区域进行对比［见 Hopton 和 Hunt(1996)中关于潮湿地区住房改善的例子］。

但对于那些对因果分析感兴趣的人来说，他们最希望的是存在"自然实验"以考察一种特定因素的影响。这通常涉及对某些地区或者对特定因素有着不同接触的群体进行比较。规划研究常常关注政策结果的评估（见第 3 章）。例如，在农村规划政策中，一些居住区可能被指定为主要居住区，多年来，这些居住区的住房大量增长，而其他地方的住房增长却非常有限。如果规划政策的目的是保留主要居住区的地方服务，那么我们就可以比较两种居住区服务的下降情况，来看看主要居住区是否在这方面更好。

有时在政策实施之前，研究人员会对评估某一特定政策是否能达到预期效果感兴趣。一项旨在提高极度贫困人口聚居地的社会融合度的政策是否能够改变该地区居民的生活？我们在前几章中分析的 Atkinson 和 Kintrea(2001)的文章中，辨别了贫困程度较高和较低的社区（或他们所说的贫困社区和混合社区），并试图找出生活在这些地区的人群在经历上的差别。此研究的出发点是一系列可能的区域效应假设，这些假设来自文献中主要的理论，尤其是 Ellen 和 Turner(1997)的理论观点。这些区域效应通过具有主要和次要结果的"机制"发挥作用，并导致"更广泛的强化剥夺"。例如，产生或导致某个地区贫困人口集中的机制，反过来导致一个地区名誉受损，从而主要致使该地区及其居民背上污名。因此，该假设预测，如果一个地区聚集了贫困人口，该地区将有不良声誉。这一预测已经通过对这两类社区居民生活经历的考察得到了验证。Atkinson 和 Kintrea(2001)调查了贫困社区和混合社区的居民是否认为该地区声誉不佳,以及他们是否认为因该地区声誉不佳致使他们难找到工作。结果也与理论一致:报告中贫困地区的许多居民有声誉不佳的反映,而居住在混合地区的居民却很少有此反映。这种类型的因果分析方法中的困难将在第8章中再讨论。

理论概括

作为研究人员,我们如何知道我们所认为的原因或解释的因素与我们所感兴趣的规律性之间是否存在因果关系?除了"原因和结果是用来掩盖我们对世界运转方式的坚定印象"以外(Gorard,2013:61),你看不到因果关系。主张一种因果关系,就是对因果条件满足时会发生什么做出一个普遍的断言。

虽然对于已经建立的因果关系的存在永远无法确定,但在我们有某种"合理的"理由相信这种关系存在之前,我们已经做出各种尝试来确定需要满足的条件。其中的一个重要因素是两种现象之间的关联,即如上所述,如果一个事物出现,则另一个事物也出现,当一个事物缺失时,另一个事物也缺失。一些研究者认为(尽管通常隐含在他们对其研究的评价中),我们有更多的证据表明,假定的原因总是与结果相关联的,我们更可以确定这二者确实存在着因果关系。这就是归纳原则(见 Chalmers,1999)。这意味着,单独一项研究的证据对因果关系的合理性是没有说服力的,而是应该根据这项研究和文献中所有其他研究来判断该因果关系的合理性。因此,对于这个模型的研究发现存在一个累积的影响。Bradford Hill(1965)引用 Hopton 和 Hunt(1996)的一篇关于住房改善对健康影响的研究,列出了图框 6.1 所示的标准。

图框 6.1

因果关系存在的评估标准

- 相关度,观察不同情形或人群中相关性的一致性;
- 相关性应该是特定的(独特性),(以及不能被其他显著变量所解释的);
- 一个变量必须始终存在于另一个变量前(暂时性);
- 一个变量的提高要与另一个变量的提高相关;
- 对相关性具有合理的解释;
- 对相关性具有实验证据。

来源:节选自 Hopton 和 Hunt(1996)

前四条对应的是变量之间的关联性。Atkinson 和 Kintrea(2001)在进一步研究的论证中提出(正如我们在第 4 章中看到)，有证据表明了美国区域效应的存在，但没有证据表明英国城市存在这种区域效应。这可以被看作是相关性的证据，与 Bradford Hill 的第一条标准相符：来自英国"不同环境"的证据，或者在英国发现的不同"人群"的证据。这反过来可被理解为，因果关系的认定需要"更多的证据"以提供进一步的归纳支持。当然这些机制有可能不是在所有情景下都起作用。这种强调机制可能或者不可能产生作用的情形，是一种与"现实主义"模型相关的因果观(见 Pawson 和 Tilley，1997)或因果关系的追溯模型(见 Blaikie，2000)。Atkinson 和 Kintrea(2001)将可能影响机制起作用的情形，区别为国家、区域、城市和邻里环境，而这些机制会影响区域效应的形成。不同的环境也可能影响规划干预措施的成功与否。在土地价值和开发压力大的地区，与土地所有者就拟开发住房场所的某些经济适用房的条款进行深入协商是有可能成功的；但是在土地价值和开发压力较低的地区，同样的谈判方法可能会不那么顺利(Farthing 和 Ashley，2002)。

时间顺序意味着，就变量之间的关联性而言，原因必须先于结果，而不是相反。因此，穷人聚居必须是先于糟糕的声誉，因为穷人的聚居是糟糕的声誉的原因。但是正如 Atkinson 和 Kintrea(2001)的研究一样，同时衡量这两个方面时，我们不知道这个不好的坏声誉是后于还是先于穷人聚居。有可能是，一个地方也许有了一个糟糕的声誉，然后只有最没有权势的人(穷人)才会接受住在这里(见图 6.3)。

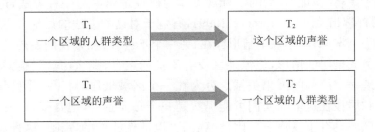

图 6.3　因果分析中时间顺序的重要性：居住在一个区域的人群类型和一个区域声誉之间关联性的其他解释

当我们进行社会科学研究时，我们是在寻找一种穷人的集中可能会导致糟糕声誉的社会机制。一种可能性是在当地媒体上犯罪的报道，以及犯罪活动与这些地区之间的假定关联。

正如每个人总是被告知(或应该被告知)，相关性或关联性并不意味着因果关系。关于实验证据的标准是，这种方法应该帮助研究人员对情况进行控制，以便消除其他因素的影响,从而使研究人员能够专注于感兴趣的因素(或者通常所说的自变量)及其对拟解释的因素(或因变量)的影响。在这些情况下,这项研究被称为具有"内在有效性"[Campbell 和 Stanley(1966)提出的术语]。

如果你正在使用"自然"实验法,那么除了感兴趣的因素外,可能还有其他因素,或是混合因素会阻碍你对证据的解释。Cook 和 Campbell(1979)将这些描述为是对"内在有效性"的威胁,并列举了一系列这样的威胁。众所周知,社会研究者所考察的各种情形因素很复杂,Atkinson 和 Kintrea(2001)在他们的研究中指出了其中的一些因素。首先,除了不同程度的贫穷之外,他们选择研究的社区在工作和服务方面都有差距,所以一些"区域效应"可能是由于这些因素,而不是由于贫困本身导致的。其次,不同社区中穷人的特征可能不一致,因此一些明显的区域效应可能是由这些差异而不是穷人聚居导致的。正如 Gorard(2013:69)的总结:"这意味着我们在社会研究中的实验结果通常是不明确的。我们必须判断我们的研究发现是否足以值得关注。"因此,在任何具有因果解释的研究中,都应该意识到研究中可能存在的问题,并正确对待。

但是归纳逻辑中有一个问题,它需要收集更多证据来证明一个理论,而许多社会研究人员在研究实践中却容易忽略这一点。问题是,我们永远不能确定我们多次观察到的关系是普遍的还是"可概括的",即每一次和各个地点都是如此(或者在上面讨论的更加狭义上,对我们当前历史条件而言更加普遍)。可能总会发现另一项研究与所提出的因果关系相矛盾。这个问题有时被描述为"**外在有效性**"。

这种考虑将"伪证"背后的一种观点作为研究逻辑的另一种方法,这与 Karl Popper 的哲学相关[见 Chalmers(1999),有益于对这种方法的讨论]。如果我们只能找到一个案例,其中一个情形存在,另一个不存在;如果我们发现一个案例,其中存在穷人聚居的情形,但该地区没有不良的声誉,那么,我们就会知道我们不是在处理一个简单的因果关系。穷人在一个区域聚居,对于一个区域形成糟糕的声誉和居住在这里的人们可能仍然是一个必要条件,但是仅这一条件不足以使这个区域具有不良声誉。因此,我们可以证伪我们的理论。这种思维逻辑认为,与其去寻找证据以支持相联系的想法(这是归纳逻辑),不如去尝试寻找这种联系不成立的各种情况。这将对我们研究计划采取的案例产生影响(见下文),并导致我们就此种情况中可能涉及的其他因素提出假设。因此,社会研究可以通过排除已被证伪的假设来开展。在规划研究者中,Flyvbjerg(2001)是这种社会研究方法的倡导者。

虽然有人反对归纳方法的逻辑——证据越多,方法越好——但也有人反对证伪主义逻辑的实践。我们如何知道看似用以对一个假设证伪的证据是否可信呢？人们总是可以对一项研究而不是对假设进行批评。

关于通过引用归纳方法（"累积证据"的论证）或伪证法（"理论被证伪"的论证）来论证知识主张的辩论，可以追溯到第 2 章关于研究发现的"临时"性，以及一群群研究人员对研究发现合理性所做出的判断，尤其是那些挑战与一项特定理论相关的关键性假设或推测。这意味着，实证研究永远不能为我们给出绝对确定的因果关系（或任何其他的关系）。你进行的研究可能与以前的假设一致，或者可能与它们不一致。但是，你需要意识到现实生活情况的复杂性，这涉及许多因素，其中许多因素可能相互影响，研究将无法控制影响研究发现有效性的所有可能的威胁。因此，你需要意识到并承认你所能做的必然局限性。

理解社会生活

规划研究者，如 Innes(1990)，他们强调"理解"社会生活，或者使得社会生活有意义的必要性，认为研究并不能使我们直接接触"社会现实"，仅仅能使我们理解现实，而这些现实反映了我们所参照的观念和结构框架。

采用社会研究观的研究者的目的（Hammersley，1990）是，使得人们的行为和面对一些情况所做出的反应"合理化"。对于"他们为什么这样做？"这一问题的回答是，因为他们对于所处环境的理解方式，以及他们是用自以为合理的方式来应对所处环境的方式。因此，重点在于理解那些身处其中的人内心的信念、价值观和态度，并提供"全面的理解"（Mason，1996），这需要充分考虑其复杂性、细节和背景。有人提出，规划者为之规划的大众的世界观被忽略了，而这正应当是研究的主题。Watson(2003)认为，规划者们对它们为之规划或者一起参与规划的人们的价值观、信念和理性做出假设，但是她指出，这些假设常常是站不住脚的。Burgess(1984)的研究也表明了相似的观点。他们研究了普通人对于自然和城市中开放空间的看法，这些看法之前并没有被考察过。采纳这个方法的人都强调当代城市中面向世界的观点和方式的多样性（Sandercock，1998），以及强调城市体验及其意义的多重感知，而如果要解释不同个体和群体的行为，就需要理解这些感知。

政策参与者，决策者和规划者本身的世界观或"假设世界"（假想世界）（Young 和 Mills，1981）也是理解一个区域所制定政策本质的关键。在政策背景下，Innes(1990：23)使用了"神话"这个概念来描述"一个通常表面是历史事件的传统故事，这个故事旨在用来揭示一个民族的部分世界观，或者解释一种实践、一种信念或自然现象。"最近，"话语"这个术语还被用来描述一种世界观或者政策参与者眼中更常规的一种思考方式，"政策语言和隐喻被调动来聚焦、证明和使一项政策项目或工程合法化"（Healey，2007：22）。"规划团队通常并不仅仅是局限在特定的政策社区中,他们也被特殊的传统联结在一起,而这些特殊传统提供了对事项和优先权的思考方式,他们同样也由操控知识的特定实践联结在一起。"(Healey,2007:242-243)

"话语"一词也被学者们运用,他们的兴趣不仅仅是去发现政策参与者、决策者和计划者的世界观是什么,也不仅是描述他们脑海里的想法是什么,以及为什么他们这样做,而且为什么他们以最初的行事方式来思考。这里人们一直对规划文件中所载的官方话语的作用感兴趣,特别是由中央政府和开发主管部门发布的文件中的英国规划,其旨在指导规划者的实践。在第 7 章关于文件的部分,我将进一步讨论这一点。

对于那些试图研究因果关系的人来说,"控制论"是一个关键的方法论概念,与这一本体论相关的方法论论点有两个。第一个是在第 2 章介绍的"自然主义"。此处的论点是,我们需要在独立于研究过程以外的自然发生的环境下研究人,因此我们观察到的行为也是自然的,或者至少不受被观察者所处环境的人为的影响(这是对实验方法和结构化研究方法的批判)。研究人员的目标是接近这一环境有关的参与者,但尽量减少他或她对研究情况的影响,以便研究发现可以推广到其他类似的环境中,尽管并非所有的研究人员都致力于推广。人们的所作所为反映了他们所处的环境("自然"环境)。这就是为什么像 Forester(1993)对规划者如何了解他们所处的世界感兴趣的研究者,非常有兴趣倾听在规划办公室的自然环境中开会时所讲的故事。或者为什么 Underwood(1980)会在伦敦自治市的规划办公室里倾听规划者在会议上的发言。

第二个论点关注"探索"或"发现"作为可信社会研究基础的重要性。正如我们在第 5 章中看到的,这是一个以开放的方式提出研究问题的理由。我们需要探索被研究者的认知和理解:"在社会现实中,只有知道了一个现象被认为是什么,才能知道它是什么。"(Innes,1990:32)研究人员需要从相关人员的叙述中,而不是将自己的理解或预设强加于此种情景之中,或冒着理论过度简化的风险,来找出发生了什么(Forester,1993)。与上述演绎研究方法相比,这将被描述为从证据出发的归纳研究方法。

理论概括

强调对社会生活的理解而不是解释的研究者是否旨在从他们的研究工作中得出理论结论,这一点还没有达成共识。其中还存在很多问题。首先,正如我们上面所看到的,因为社会生活在变化,人们对其自身行为思考方式、行为变化被赋予的意义在变化,所以社会理解的对象也在随之变化。因此,在这个意义上,人们对社会生活做出的普遍概括并不存在,因为它们不适用于所有时代。但是从所研究的一个或几个案例理论概括至一系列可能案例所获得的普遍观点，其范围仅适用于现有观点所涵盖的情形中的案例，即所有可能的相关案件。

　　第二个问题是关于对行为的理解是否等同于一种因果解释的问题这种理解来自探索人们心里有什么，来自探索人们的信念、价值观和态度，以及人们采取行动的理由（见 Hughes 和 Sharrock，1997）。人们对此尚无一致看法。有些人似乎不同意这一观点（Allmendinger，2002）。Fay（1996：97）认为，理由可以是原因。"通过一个实际的推导过程，行为人有了行动的理由……当我们参照动作的原因来解释一个动作时，实际上是将其解释为一个推理过程中因果关系的结果。"Fischer（2003）也赞成，这些对主观因素影响的"准因果"解释，在解释性政策研究中是可以接受的。如果这些解释被看作是因果关系，那么在这个意义上，它们也可以被视为普遍适用于具有相同信念或价值观、面临着相同情境或者环境的参与者。其他人［Lin（1998）引用 Fischer（2003）］的观点，认为激发行为的各种原因有助于了解背后的因果机制，这可能是统计分析所显示的相关性。

研究案例的抽样和选择

数据来源和案例

　　与描述性（"什么"）问题一样，对"为什么"问题的回答也涉及研究案例抽样，以及区分数据来源和那些数据来源可能提供的案例也仍然适用（详见第 5 章讨论）。

研究演绎法的出发点（假设验证）

　　以你希望验证的特定假设作为项目的开始，如果通常情况下，实验法不可行，那么一般的抽样法可以被描述为**判断**或**有目的的抽样**。与回答描述性问题相比，一个样本相对于一个群体的代表性没有那么重要。

　　用以测试一个假设的特定、有目的抽样法就是去选择所谓的**"关键案例"**（Flyvbjerg，2001）。有两种类型的关键案例："最可能的"和"最不可能的"案例。如果一个人有一个假设，并且将这个"最可能的案例"看作是理论预测中将会发生某事，但实际上这个预测并没有得到这一案例证据的支持，那么这可以被看作是理论"证伪"。Goldthorpe 等人（1968—1969）的研究通常被引用作为这种抽样法的一个范例，此研究关注的是日益繁荣对工人阶级态度的影响——"中产阶级理论"，该研究预言，日益繁荣将导致工人阶级采取中产阶级的态度。这在卢顿的关键案例中得到了验证，卢顿是一个城镇，当时制造业中的工人阶层就业率好且收入高。有人认为,如果任何地方工人阶层的态度被预测会发生变化,那么一定会发现这种变化的证据。未发现态度的变化,那么该假设则被看作是不成立的。在此需要指出的是,适用于卢顿的"案例"一词指的是一种环境或情况,而不是指兴趣现象意义上的情形,本研究中即工人阶层的态度。卢顿的环境是那种研究团队最有可能在其中找到富裕劳动阶层雇佣员工的环境。

"最不可能"的关键案例是指,用以证明一个假设的证据最不可能被找到的案例。这可能是因为,用以验证假设的这个案例的环境可能与这一假设相违背。丹麦被广泛视为一个民主国家的典范,因此 Flyvbjerg(1998)对丹麦奥尔堡的规划政治(或理性与权力之间的关系)的研究可以被看作是一个环境例证,在这里如果投票来决定一个城市的特定规划政策,那么该政策将会被实施。这种情况就是,当选代表的意愿最不可能被颠覆,所以如果他们的意愿被颠覆,那么这很可能发生在其他任何地方。

这里的另一个例子是,如在 20 世纪 90 年代(Department of the Environment, 1994)的规划政策文件中所提出的那样,当地的社区服务和设施鼓励人们使用当地设施,从而鼓励他们步行或骑自行车过去使用这些设施。如果研究拥有一些地方服务和设施的环境(例如商店、学校、保健中心),以及其他没有这些服务和设施的环境,但这两种环境中的当地人口年轻、富裕、汽车拥有率高,并且可能流动性大,有着不同的跨地域生活方式,那么他们对于购物或使用服务设施的地点具有很多选择。在这种情况下,当地提供的服务和设施最不可能成功地吸引当地旅行、鼓励步行和骑自行车。然而,如果我们发现在这种情形下确实发生这种情况,那么这将有助于支持或证实该理论(Farthing 和 Winter, 1997)。

目的抽样另一种变体形式是**最大变异**样本抽样法,其中所研究的各种情况之间的变异是由被认为是原因的因素的差异所引起的。Atkinson 和 Kintrea(2001)关于区域效应的研究可以被理解为是对这种方法的阐释,他们选择了两个地区(一个在格拉斯哥,一个在爱丁堡),它们属于苏格兰最贫困社区的前 5%(代表了贫困集中的环境),还选择了两个贫困人口集中度较低的地区。这些案例关注的不是地区,而是这两个不同区域中居民的经历和行为。还可能对在两个领域内选择的案例做出抽样决定。可能需要调查该区域的所有居民,但也有必要选择一个样本,如此,必须对所使用的方法做出决定。

Atkinson 和 Kintrea(2001)旨在从所调查的每个区域邮政编码地址簿中随机抽取 200 个地址,由此获得抽样单位——居民——他们可以就其行为或经历所选中的方面进行汇报。一般而言,这种方法具有提供居民的代表性样本的优势。当然,真正的关注点不在于比较来自每个区域的代表性样本,而是在于比较每个区域（穷人）中相同类型居民的行为和经历。贫民区居民的生活经历和行为可能因年龄和性别而变化，所以只调查一种类型的居民也许能更好地控制这种可能性。

以这种方式控制调查情况，可以提高所谓的研究的"内部效度"，即贫民或新房屋开发区居民的行为差异是由于兴趣因素，而不是其他可能影响行为的因素造成的。但是，通过研究居民中特定群体的行为，可以提出如下问题：所声称的因果关系将在多大程度上适用于这个地区的其他居民或其他地区的居民。这是外部效度问题，即关于各种运行因果机制所必要的因素的作用问题。

归纳研究的出发点

那些采用归纳法的研究不是以特定假设，而是以心理的一个更宽泛的问题作为研究的出发点。只有当研究的焦点变得更清晰时，才会出现理论和相关机制的问题。同时运用定量和定性研究方法的研究者可以采用归纳方法来展开解释。英国的地方规划赋予地方当局申请开发的决定权，并且如果申请被拒绝，申请人有权向规划检查局提出上诉，因此，Wood（2000）对地方当局的"协商风格"感兴趣。地方当局可以采取一种"温和"的风格与申请人协商申请细节。他称这是一种"再生风格"，因为这种风格符合当地发展利益。还有一种是采取"强硬的"或"防御的"方法，以及不做更多的协商就拒绝申请。他们的协商风格是由英国当地规划部门拒绝批准开发的比率来衡量的。他着重考察地方当局的协商风格是如何影响他们所运行的环境，特别是他们面临的"开发压力"，即积极的申请人如何在被拒绝的情况下坚持他们的开发申请（Wood，2000：98）。他通过申诉率来衡量这一点。他在定量分析中使用的是二手数据，即政府和规划检查局为其他目的收集的，并可用于分析的数据，数据涵盖了英格兰的所有规划部门和开发商，但是从他参考了英国所有规划当局和所有开发商在特定历史时期（1988—1994）的行为意义上而言，这是一个样本，其提出一个问题：这是否可以适用于（或类推）至早期或随后的行为。他使用散点图（见图 6.4）建立了这些变量之间的关联。在散点图中，图上的每个点代表一个地方规划局的数据。图中的"最佳拟合"线表示两个变量之间的一般关联。尽管线的周围有些变化，但是大多数点都接近这条线，有的分布更分散。逻辑上讲，人们可能希望的总体关系是，低申诉率（申诉占所有决策的百分比），更多申请被批准。但正是这种"最佳拟合"线的变化令人感兴趣。在这条线上方的主管部门比预想的申诉率更高。这使得Wood 做出假设：他们在协商中采取了一种强硬的协商方式，这种方式缺乏灵活性，一味地僵化坚持一些政策。在这条线下方的主管部门明显地采取了一种"更温和"或"再生式"的协商风格。

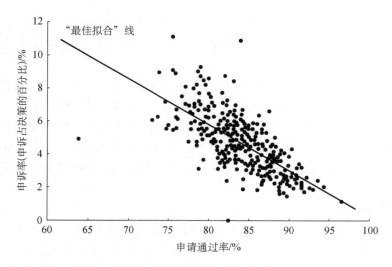

图6.4 开发申请通过率与申诉率

(来源:Wood,2000)利物浦大学出版社版权所有。经许可复制。

　　自然,这会进一步引发关于因果关系的"为什么?"问题。当开发压力很大时,为什么要采取一种更"强硬的"协商方法? 是一个因素导致了另一个因素吗? 还是存在可能影响协商和开发压力的某种第三个因素,例如,存在绿化带等景观设计? 由于这些景观设计意在阻止开发,所以这些区域的主管部门也许会采取一种更强硬的协商风格。当然,这是一些特别的地区,其开发特别吸引人,开发压力也很大。这是 Wood 建议在后续研究中需要进一步调查的一个因素。

　　虽然 Wood(2000)是使用典型的定量研究方法作为归纳研究起点的一个例子,但是那些采用定性研究的人也经常这样做。例如,一个叫作实践运动的规划研究机构(见 Watson,2002)对"规划者在执行规划任务时的活动和实践"感兴趣。这些作者感兴趣的一个情况是:在规划政策和使规划人员接触"规划政策"的具体发展建议方面存在冲突。规划者如何应对这种情况? 这是特别令人感兴趣的。因为人们认为,规划人员的培训没有使他们具备应对这种情况的技能。在某些方面,规划实践中冲突似乎是一种普遍现象。因此,如果一个人对研究冲突中的规划感兴趣,那么在任何一项研究中,都有许多情形或案例可供选择,而且在找研究案例时不会有任何问题。

　　然而,可以采用的一个策略是:关注极端或异常案例。选择极端或异常案例,"明确地说,是特别成问题的或者是好的"(Flyvbjerg,2001)。这可以作为一种探究方式去找出在这种极端案例中发生了什么,并归纳性地提出一些假设。

Forester(1993)使用的一个案例是在一个刚刚经历了地方竞选的小城市，市长竞选人在竞选活动中猛烈地抨击成功的现任规划者，但以微弱劣势落败。尽管规划中的冲突是普遍存在的，但这似乎是一个极端的案例，引发了一系列关于规划政治显著性的原因，以及规划者对这种情况的反馈等相关问题。在此，Forester 认为，倾听规划者会议是"进入规划者'组织思维'，了解他们如何看待自己所处的状况，以及他们如何应对他们所面临的问题的一种方式"。由此，规划者了解规划实践并且"他们选择性重构现有的真正的问题"，了解自己应该承担的责任，以及他们该做什么来避免这些问题。Forester 的理论不是一个政治冲突的理论，也不是使某些情况比其他情况更加具有冲突性的理论。根据上述讨论，它是通过所谓的粗描述，形成对规划者及其世界观的解释性理解的一种理论，并且正如他所说，这"体现和发挥了权力的作用"。他所说的"权力"是指，在规划辩论中，规划者明确需要解决的问题的方法；"注意力的选择性聚焦，自我的表达，'我们'和'他们'的推定，以及声誉的建立——塑造各种可能的和不可能的预期，制定更多（更少）政治上理性的行动策略，促成他人的参与，等等"（1993：201-202）。

　　异常案例可以被认为是一种在规划事项上可以达成共识（而不是分歧）的情况。Fischler(2000)认为，Innes 的研究(1996)中选自加州的关于规划中建立共识的 8 个案例，是理论建构中归纳法的范例。这些案例在某种意义上可能被视为是"好"的案例，因为该案例中各方代表之间达成一致意见。成功案例的研究只会允许对达成共识所必要的各种假设的因素进行验证，但如果没有对不成功案例的研究，就不可能验证哪个因素对成功是至关重要的。某种比较法对于这种研究方法的批评，参见 Hammersley 和 Atkinson(1995)。

对于归纳法研究者来说，最著名的理论发展方法也许是扎根理论(Glaser 和 Strauss，1967)，即采用所谓的理论抽样，最初的案例挑选是出于理论的目的，通过不断的比较，其余案例不断补充用以形成新的理论。当然，本节讨论的所有抽样类型都是在理论思考指导下展开的，因此，保留这个方法标题可能有点误导性。Flyvbjerg(1998：7)暗示，他曾提出了一个"理性和权力之间关系的扎根理论"，并引起了 10 个命题，然而从 Glaser 和 Strauss(1967)所倡导的过程来看，这不是扎根理论，因为他只研究一个案例——奥尔堡案。

Henricksen 和 Tjora(2013：4-5)在他们的社区研究中阐述了理论抽样的应用（见图框 6.2)，此研究由"城市街区中的社区是如何（或不）出现的？"这个相当开放的问题所引导。

——— 图框 6.2 ———

范例——研究中的理论抽样

本文是以 2006—2011 年 10 个住房和社区社会学项目实证为基础的。这些项目的发起是基于对社区问题的理论上的关注，以及受到特隆赫姆市市政府的邀请，目的是通过研究以提升对于"学生强制集中居住"的了解并解决此问题……

在整个项目的整体设计中，我们一直在应用理论抽样的方法（Glaser 和Strauss，1967），据此一个研究中的初步结果和研究反馈为下一个研究提供了问题和经验样本。例如，需要对定居的居民进行研究，以更深入地了解随着时间的推移邻里之间的和睦，而这一方面在数据生成的第一阶段没有充分地体现出来。

在调查和最初的研究中，这样一个事实使我们感到震惊：许多人十分重视社区邻里关系，但同时避免在邻居身上投入"过多"的时间和与邻居进行广泛的互动。我们对海湾花园社区进行了观察，观察结果证实了这一点：即使是在盛夏和温暖的天气，我们发现人们只是在两种情形下会待在公共区域。我们还发现，海湾林的居民特意使用了"诗意般的村庄生活"一词来形容这里的生活。从姓名到工作到家庭状况，这里的大部分居民彼此都知根知底。在我们研究的所有其他社区，邻里之间只是混个脸熟，鲜有知晓对方名字的。在我们实施的 92 次关于住房和邻里关系（不包括会议地点）的深入访谈中，只有少数访谈者表示他们与邻居成了朋友。虽然邻里关系被作为薄弱的社会关系来维持不足为奇，但是参与者纷纷强调邻里关系十分重要，这触发了我们的社会学好奇心。邻里间相对微妙的沟通形式，以及他们之间微弱的社会关系，是否比通常所预期的有更大的社会价值？这就有必要深入了解邻里互动的细节，包括那些非常小的瞬间——在社区超市里点头一笑、在走廊上短暂闲聊、更明确的交际行为，以及有组织的聚会。我们观察记录了居民们的活动，以及各种活动间的差别。其中很多与 Erving Goffman 的社会学和人种学方法学的传统相似。本文的研究意义并非复制那些深入互动研究中所做的详细观察，而是通过深度访谈，找出受访者对邻里间互动（或非互动）的描述中的细微差别，以及他们如何使邻里互动有意义。

来源：Henriksen 和 Tjora（2013：4-5）

尽管词语"how"开头是解释性或者"为什么"问题的一个范例，但是它能够有效地提问社区形成的缘由。此外，作者们对这一过程中居民间的互动的作用感兴趣。这个研究报告尚未明确：他们在这个项目之初就将研究重点放在互动方面，还是在研究过程当中产生了这个想法。

他们研究的"案例"是特隆赫姆市（挪威城市名）的各中产阶级社区。就本文对扎根理论的理解而言，在这项研究阐述中有三个要点。第一，对所收集数据的分析过程是连续性的。第二，对下一个案例或者待研究社区的选择的多样化——例如，选择有"老住户"的社区，因为他们需要了解不同背景或者情形中，不同于他们已经研究过的睦邻情况，以形成相关的睦邻理论。第三，他们根据是否确定了人们对睦邻重要性的想法（深度访谈），或者通过检验人们的实际行动（行为观察），来换用不同的研究方法。通过抽样和分析，他们形成了社区类型的理论，即社区建立在邻里基础上，社区的类型取决于邻里互动借口的存在和邻里活动的水平。Henricksen and Tjora（2013：9）将互动借口定义为"基于路过或聚集在一个共享的物理空间的基础上，将一个偶遇、闲谈或对话合法化的共同参照或关注。"儿童游戏和宠物所有权都是互动借口的例子。在邻里间开展的工作，诸如户外工作，也提供了互动的借口。活动水平与社区有多少共同活动有关。

案例研究

在规划研究当中什么叫案例研究？许多关于规划的博士与硕士论文都被标记为案例研究。对于学术案例研究的大量的不同理解不仅存在于规划文献当中，而且更普遍地存在于社会科学当中。Blaikie（2000）调查发现了六个不同的定义。有的定义是指那些在研究中运用了多种多样的数据收集和生成方法的案例（Yin，2008）。其他的定义将案例研究视为一种研究设计，有别于一系列其他设计，包括实验、调查、档案分析和历史。Mitchell（1983：192）认为，案例研究的概念应当仅限于那些具有理论意图的研究："对一个（或者一系列）事件的深入研究，分析家认为该事件要展示某种公认的、普遍理论原则的运作。"这个定义显然将描述性的案例研究排除在外。

我认为最好将"案例"看作是在研究中提及了情景、事件或者所感兴趣的行为。那么，案例研究就是考察其中一个案例，例如，试图就规划问题达成一致的案例，可以对此展开详细的研究。在这个意义上，一项研究当中可能会有多个案例研究，因为研究的资源更加分散，所以每一个案例只能稍做研究。所采用的研究方法将无法预期。有时候所谓的案例研究也许被界定为"设置"更加恰当。正如 Flyvbjerg（2001）所述，Goldthorpe 等人（1968—1969）关于卢顿的研究，不是将卢顿作为一个城镇案例进行研究，而是研究了碰巧居住在卢顿这种环境中的富裕工人阶层的态度。

小结/核心观点

当对为什么这件事会发生或者已经发生，或者对已经发生事情的后果等存在困惑，解释性的研究问题就由此提出了。本章首先指出，一种有助于刻画城市规划研究者们在回答这些问题时的差异的方法是，对比他们对一个令人满意的解释的看法，以及他们所做的阐述的出发点（归纳和演绎方法）所持观点进行对比。

1. 我希望已经提醒你认识到，你不能设计一项研究来解释事情为什么发生了，或者解释已发生事情的后果，而对于令人满意的解释该是怎么样的，以及做出理论上的概括是否是明智的，都没有一个立场。虽然研究人员在这些问题上有很多不同意见，我指出，一些人将他们所认为的科学模式应用于社会研究中，他们强调寻找起因和本质上应该适用于其他情形的因素（人、地方、社会环境等），这些超出了所研究的情形（理论概括）。

2. 我探讨了所有研究者在提供证据以支撑所确立的因果关系时所面临的困难。我试图证明，这些观点既不能被结论性地证实，也不能完全被结论性推翻，尽管可以判断其合理性，我赞成在提出观点时诚实对待你的研究的局限性。我在第 8 章还将再次提到这一点。

3. 那些喜欢通过了解人们的所思所想来解释人们的行为的人，会在规划中使用因果分析法，有一些论述对此进行了批评，我就这些论述进行了讨论。这些研究人员的重点是社会行为的意义，以及我们对人们行为的理解，因为我们是在行为所发生的文化背景中理解其含义。在此，强调背景的重要性往往限制了这些研究者对归纳概括的可能关注度。我认为，这种差异不会造成太大的影响：许多人认为，察看人们采取行动的原因实际上相当于一种因果解释。解释包括影响人们所发现的自己所处情况的各种原因（或因素），以及他们对于自己的反应方式所持理由，这些都基于他们对于所处情况的理解。

4. 我认为，用于回答解释性研究问题的演绎方法应从大脑中一个与研究证据相反的、可能性假设或尝试性解释切入。

   • 这些假设可能通过对学术文献的分析来证明，从专业期刊文章中得到启示，或者可能源自你对于事情为什么会发生的直觉。

- 你可能会发现这是一个富有成效的方法，因为它给研究过程的其余部分的设计指出了重点和方向。当你确立了一个假设之后，你可以选择研究的案例，这些案例可以从不同于以往研究者的研究情形中来验证你的假设，而且可能会构成假设或者所选案例的关键性检验，因为这些案例在可能的导致因素上有所不同。

5. 通过对比来回答一个解释性研究问题的归纳性出发点，不存在具体的假设或理论，因此不用努力预先判断这个解释是怎样的。
    - 你可能使用这种方法的理由是因为以往研究中缺乏这种方法，以及所调查的现象新奇。或者，方法论原则在社会研究探索中的重要性，以及避免将你自己的观点强加到选题上。由此，你将从所调查案例中获得的数据入手，形成你的解释说明。
    - 与演绎法相反，案例样本的挑选没有很多的指导。你可以采用广泛的策略，选择大量的案例，以寻找所感兴趣的现象与其他因素之间各种关联。或者，从一个更密集的策略入手，以深入研究一个或几个案例，这些案例都是你有兴趣解释的现象例证。根据扎根理论的原则，也可以选择一些案例，以验证你对新案例或者新背景下的案例所做的初步解释。

6. 最后，我认为，最好将"案例"放到"案例研究"当中来看，就像是提及一个研究中的环境、事件或者感兴趣的行为，而不是研究本身。

练习：回答一个解释性问题

　　在综述了选题相关的文献和确定了一个拟回答的解释性或"为什么？"问题以后，你需要问自己下列问题：

1. 你对回答你的问题有没有初步假设（演绎法）？ 如果有，它是什么？ 或者，你拟以开放式心态对待这个问题（归纳法），从而从研究调查中得出解释？
2. 你旨在参照因果因素解释这种情境？ 或者你有兴趣了解这种情境相关的行动者的世界观，他们这些行为的意义，以及鉴于他们发现自己所处环境，如此行为的原因？ 或两者都有？
3. 什么"数据源"可以用来帮助你回答你的研究问题？
4. 拟挑选的案例该来自多大的人群范围？ 你的案例在这一广泛人群中的代表性有多么重要？

5. 可以使用什么样的抽样方法？随机的还是非随机的？
6. 你会对考察什么具体"案例"感兴趣？

拓展阅读

如果不是不可能的,在规划环境中实施符合"真实"或可控的实验标准的研究也是很难的。然而,一些试图模拟这些方法的规划研究的例子可以在以下文献中找到:

Preece R.(1990)对实验方法如何应用于旨在评估不同地方不同发展控制政策的影响的研究中给出了一个启发性解释,这些实验方法最初是由农艺师提出的。Preece R, 1990. Development Control Studies: Scientific Method and Policy Analysis[J]. Town Planning Review, 61: 59-74.

参与佛罗里达州的一系列规划初步研究使得 Deyle 和 Slotterback(2009)能够使用他们所谓的准实验设计来测试参与规划过程对团队学习规划问题的影响。Deyle R, Slotterback C S, 2009. Group Learning in Participatory Planning Processes: An Exploratory Quasiexperimental Analysis of Local Mitigation Planning in Florida[J]. Journal of Planning Education and Research, 29: 23-39.

实施住房改善方案,包括在住房潮湿问题显著地区的住宅供暖系统,给了 Hopton 和 Hunt(1996)一个机会去研究住宅供暖对儿童健康的影响。Hopton J, Hunt S, 1996. The Health Effects of Improvements to Housing: A Longitudinal Study[J]. Housing Studies, 11(2): 271-286.

在一些文本中讨论了研究的归纳性和演绎性出发点之间的差异,以及形成或测试理论的方法。如果你打算追随本章所介绍的不同研究出发点,理论测试和理论生成,以及因果关系的思路,De Vaus(2001)是一个有用的参考。De Vaus D, 2001. Research Design in Social Research[M]. London: Sage.

关于社会生活独特本质的有力阐述不是基于自然科学模式"因果解释",而是基于"理解",参见:Hughes J, Sharrock W, 1997. The Philosophy of Social Research[M]. 3rd ed. Harlow: Longman.

Fay(1996)和 Fischer(2003)都认为,人们为他们行为所找的理由可以被当作原因:Fay B, 1996. Contemporary Philosophy of Social Research: a Multicultural Approach[M]. Oxford: Blackwell; Fischer F, 2003. Reframing Public Policy: Discursive Politics and Deliberative Practices [M]. Oxford:

Oxford University Press。

关于人种学中的实证和理论概括的一些概念，虽然它们可以被应用于所有研究，参见：Hammersley M，1990. Reading Ethnographic Research：A Critical Guide[M]. London：Longman。

Chalmers A，1999. What Is This Thing Called Science?[M]. Buckingham：Open University Press 中综述了我们支持和反对证伪和归纳法优越论的理由。

抽样和案例研究见以下研究：

Flyvbjerg B，2001. Making Social Science Matter[M]. Cambridge：Cambridge University Press.

Flyvbjerg B，2006. Five Misunderstandings About Case Study Research[J]. Qualitative Inquiry，12(2)：219-245.

Gomm R，Hammersley M，Foster P，2000. Case Study Method[M]. London：Sage.

关于扎根理论见：Strauss A，Corbin J，1998. Basics of Qualitative Research：Techniques and Procedures for Developing Grounded Theory[M]. 2nd ed. London：Sage.

参考文献

Allmendinger P，2002. Towards a post-positivist typology of planning theory[J]. Planning Theory，1(1)：77-99.

Atkinson R，Kintrea K，2001. Disentangling Area Effects：Evidence From Deprived and Non-Deprived Neighbourhoods[J]. Urban Studies，38(12)：2277-2298.

Blaikie N，2000. Designing Social Research[M]. Cambridge：Polity.

Bradford Hill A，1965. The Environment and Disease：Association or Causation?[J]. Proceedings of the Royal Society of Medicine，58：295-300.

Burgess R，1984. In the Field：An Introduction to Field Research[M]. Hemel Hempstead：Allen and Unwin.

Campbell T，Stanley J，1966. Experimental and Quasi-Experimental Designs for Research[M]. Chicago：Rand McNally.

Chalmers A，1999. What Is This Thing Called Science?[M]. Buckingham：Open University Press.

Cook T D，Campbell D，1979. Quasi-Experimentation[M]. Chicago：Rand

McNally.

Department of the Environment, Welsh Office, 1994. Planning Policy Guidance: Transport[R]. London: HMSO.

Deyle R, Slotterback C S, 2009. Group Learning in Participatory Planning Processes: An Exploratory Quasiexperimental Analysis of Local Mitigation Planning in Florida[J]. Journal of Planning Education and Research, 29: 23-39.

Ellen I, Turner M, 1997. Does Neighbourhood Matter? Assessing Recent Evidence[J]. Housing Policy Debate, 8: 833-866.

Farthing S M, Ashley K, 2002. Negotiations and the Delivery of Affordable Housing Through the English Planning System[J]. Planning Practice and Research, 17(1): 45-58.

Farthing S M, Winter J, 1997. Coordinating Facility Provision and New Housing Development: Impacts on Car and Local Facility Use [M]// Farthing S M. Evaluating Local Environmental Policy. Aldershot: Avebury: 159-179.

Fay B, 1996. Contemporary Philosophy of Social Research: a Multicultural Approach[M]. Oxford: Blackwell.

Fischer F, 2003. Reframing Public Policy: Discursive Politics and Deliberative Practices[M]. Oxford: Oxford University Press.

Fischler T, 2000. Case Studies of Planners at Work[J]. Journal of Planning Literature, 15(2): 184-195.

Flyvbjerg B, 1998. Rationality and Power[M]. Chicago: University of Chicago Press.

Flyvbjerg B, 2001. Making Social Science Matter[M]. Cambridge: Cambridge University Press.

Forester J, 1993. Learning from Practice Stories: the Priority of Practical Judgement[M]//Fischer F, Forester J. The Argumentative Turn in Policy Analysis and Planning. Durham NC: Duke University Press: 186-209.

Glaser B G, Strauss A L, 1967. The Discovery of Grounded Theory [M]. Chicago: Aldine.

Goldthorpe J, Lockwood D, Beckhofer F, et al, 1968 - 1969. The Affluent Worker, vols I-III[M]. Cambridge: Cambridge University Press.

Gorard S, 2013. Research Design: Creating Robust Approaches for the Social

Sciences[M]. London：Sage.

Hammersley M，1990. Reading Ethnographic Research：A Critical Guide[M]. London：Longman.

Hammersley M，Atkinson P，1995. Ethnography[M]. London：Routledge.

Haughton G，Allmendinger P，Counsell D，et al，2010. The New Spatial Planning[M]. London：Routledge.

Healey P，2007. Urban Complexity and Spatial Strategies [M]. London：Routledge.

Henricksen I M，Tjora A，2013. Interaction Pretext：Experiences of Community in the Urban Neighbourhood[J]. Urban Studies，50 (10)：1-14.

Hopton J，Hunt S，1996. The Health Effects of Improvements to Housing：A Longitudinal Study[J]. Housing Studies，11(2)：271-286.

Innes J，1990. Knowledge and Public Policy：The Search for Meaningful Indicators[M]. New Brunswick：Transaction Books.

Innes J，1996. Planning through Consensus Building[J]. Journal of the American Planning Association，62(4)：460-471.

Lin A C，1998. Bridging Positivist and Interpretivist Approaches to Qualitative Methods[J]. Policy Studies Journal，26(1)：162-180.

Mason J，1996. Qualitative Researching[M]. London：Sage.

Mitchell J C，1983. Case and Situation Analysis[J]. Sociological Review，31 (2)：187-211.

Pawson R，Tilley N，1997. Realistic Evaluation[M]. London：Sage.

Rydm Y，2007. Re-Examining the Role of Knowledge Within Planning Theory[J]. Planning Theory，6(1)：52-68.

Sandercock L，1998. Towards Cosmopolis：Planning for Multicultural Cities[M]. Chichester：Wiley.

Underwood J，1980. Town Planners in Search of a Role：a Participant Observation Study of Local Planners in a London Borough[R]. Occasional Paper No. 6. Bristol：School for Advanced Urban Studies.

Watson V，2003. Conflicting Rationalities：Implications for Planning Theory and Ethics[J]. Planning Theory and Practice，4(4)：395-407.

Wood R，2000. Using Appeal Data to Characterise Local Planning Authorities[J]. Town Planning Review，71：97-107.

Yin R K，2008. Case Study Research：Design and Methods[M]. London：Sage.

Young K，Mills L，1981. Public Policy Research：A Review of Qualitative Methods[D]. Bristol：School for Advanced Urban Studies.

7

研究数据的生成方法

—— 核心问题 ——————————————————————

可用哪些数据生成方法回答你的研究问题？

需要考虑哪些方面以确定研究方法？

核心概念 🔑

访谈；问卷调查；人种学；观察法；文献；官方统计数据

概述

前两章是建立在一个假设的基础上，即尝试将研究者感兴趣的部分从潜在数据源中分离出来，这不失为一个好办法。也就是说，你可能要从这些人或地点生成这些案例的数据，为了做到这一点，研究者需要独立思考生成数据的方法。本章重点介绍了研究设计过程中的关键步骤，即数据生成的方法。近期文献中对规划知识进行讨论，力求扩大研究者可使用的方法范围——一种可用于规划的"多样性的认识论"（Sandercock，1998）——超越传统的定量研究方法，包含了各种各样的定性方法。部分是由所用研究方法的伦理愿望驱动的，该研究方法允许参与某一情境的人结合自身情况用自己的话语描述他们体验该情境的性质，并强调多种情况下观点的多样性，包括各种问题的性质（如第 2 章的讨论）。

从研究设计的角度而言，关于方法，有两个重要的问题。第一个问题是，可以使用的研究方法有哪些？第二个问题是，为什么要使用特定的方法来生成数据？由于实践中用于数据生成的方法有限，因此，定量和定性方法之间进行方法选择不是特别有帮助，尽管实践中许多研究者更喜欢使用特定的研究方法。本章描述的方法是访谈和问卷调查、观察法和人种学，以及文献的使用这几种方法。本章一开始讨论了当考虑适合自己的研究方法时,研究者所需要考虑的问题。随后分析了研究者想使用它作为验证课题的主要方法的原因。

方法选择中的核心问题

方法的选择在任何课题中都不是那么容易的。在选择方法时需要考虑并权衡一系列的问题,从而做出一个深思熟虑的判断(见图7.1)。

在本书中,笔者强调了研究问题对研究设计的重要性,这同样适用于数据生成方法的选择。对于任何一项研究而言,选择一种方法,让研究者能够回答研究问题是十分重要的。因此,研究者应注意研究目的。研究者是否打算探讨一个计划中知之甚少的问题?并且这个问题相当开放,几乎没有预先假定?或者说,研究者是否打算通过一个更关注的问题来详细描述一种情况?或者说,研究者打算是通过某个因素的具体假设来帮助解释世界的某些特征,或者评估规划政策和规划者采取行动带来的影响吗?或者说,研究者是否会提供丰富的背景知识来解释政策制定者应对问题情境的方法?

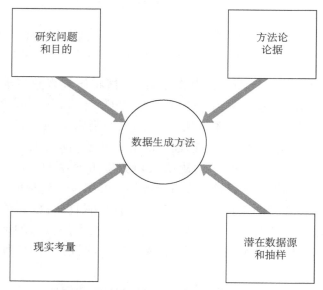

图 7.1 对数据生成方法选择的影响

研究者回答研究问题所需的数据应该是此处的主要考虑因素。我们在第5章中看到,区分我们感兴趣的案例生成的数据和**潜在的数据源**(即通过地点或现象可以生成数据)是很有用的。这会影响到研究者使用的研究方法。研究者可以在公共场所观察某些行为（或做法），例如在开放给公众的会议中观察规划者和政治家的行为，而不应该在秘密的地方，例如规划委员会主席和首席规划官的会前会议（预会），除非研究者能够通过协商进入这些地方。如果研究者无法亲自参加预会，那么他需要通过向参加预会的人问一些问题，并凭借这些人所提交的报告了解预会的情况和内容。否则，研究者永远都无法得知该问题的答案，在这种情况下，研究者可能需要换一个能够回答的研究问题。

另外，研究中考虑其他实际要素相当重要，这主要取决于研究者进行研究的时间，以及可供研究者支配的经费。如果我们接受研究中关于时间划分的经验法则，即大约三分之一的时间用于规划和开发研究设计，三分之一的时间进行研究，三分之一的时间进行分析和写作，那么大多数学生用于数据生成的时间就会变得非常有限。与所有研究方法相关的金钱成本包括进行面对面访谈的交通费用和问卷的发送与寄回的邮费。预算还将限制研究的案例数量并且限定案例研究的深度，此时，就要权衡两者：要么是深入研究少数案例，要么是粗略调查多数案例，所以可行的结果比根据研究者的研究问题得到的理想结果更为重要。

最后，研究者所做的关于城市规划研究的假设表明，它是一种在方法论上优于其他方法的特定研究方法。正如第 2 章介绍的那样，理论（或假设）——有时被称为数据论，有时被称为方法论——涉及研究方法（包括使用的数据生成的方法）与该研究旨在探索的现实之间的关系。以下两者之间可能存在差异——（a）研究者通过研究方法生成的数据和（b）研究者有志于探索的现实。理想情况下，研究过程对数据的影响可以忽略不计。非理想情况下的结果被称为"反应性"——研究者和使用的研究方法对研究过程的反应。如果使用的方法有实质性影响，那么所产生的数据与研究者试图评估的现实之间的问题可能存在合理性问题。这是第 5 章中介绍的效度问题。

我们正在观察的内容是我们认为我们在观察的吗？如果研究人员旨在衡量正常、习惯的行为或典型的观点和思维，就像 Underwood 在伦敦自治市对规划者进行的研究（第 2 章节讨论的内容）或者像 Forester 和 Hoch 在美国从事的规划工作那样，如果研究过程允许这样，那么研究就具有了所谓的"**生态效度**"。

生态效度的观念与研究过程中对"自然主义"的争论密切相关。我们需要研究自然环境中独立于研究过程的人，这样一来我们观察的行为也是"自然的"，或者至少在本质上不受人造环境影响（这是对实验方法和结构化研究方法的苛求）。此目的是鼓励研究者最小化其本人对研究过程的影响，并且鼓励研究者仔细考虑该影响，以便在研究期间及之后进行反思。正如我们将会看到的那样，这对所使用的数据生成方法产生了影响。

在第 2 章中对比这些方法的方法论观点，承认研究者使用的方法可能对其自身获得的结果有影响,但是这种影响可以通过思考研究过程中的"偏差",并考虑如何采用一致的方法最小化这些偏差来控制。这可能涉及一系列的问题,例如当访问他人时"遵循一个标准协议,每次以相同的顺序相同的方式提出问题"(Fielding,1993:151),研究者应该努力避免"引导应答者"在访谈中以特定方式回答问题。在某种程度上而言,实现这一目标为研究过程提供了可靠性。

访谈和问卷调查

什么是访谈? 什么是问卷调查? 为什么使用它们?

　　规划专业的学生对访谈和自己独自完成的问卷调查非常熟悉,在思考论文中使用的研究方法时,几乎可以将这两者视为"默认立场"。我们不需要花太多时间来描述它们。两者都是对受访者(数据源)提出有关事实、行为、信念和态度问题的方法,并且他们假定受访者完全知道该问题的答案。访问是指访问者询问问题并记录答案(只有在极少数情况下通过打开设备来记录访谈);问卷调查却不一样——它的问题通常被预先设置好,并且由受访者回答和记录答案。访谈的形式多种多样:每种访谈都有各自的特点,因此最好把它视为一种方法的集合。文献中呈现了多种维度(见图 7.2)。

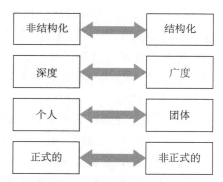

图 7.2 研究访谈类型的变化特征

非结构化访谈与结构化访谈

　　非结构化访谈和结构化访谈的差异通常以其结构化的程度为区分,之间存在许多类型的访谈,非结构化访谈在一端,通过半结构化访谈到达另一端的结构化访谈。这种对结构的兴趣涉及调查者对这个话题的掌握程度以及访谈中提出的具体问题。访谈越结构化,访问者在整个过程中的控制越多,被访问者对探索的主题或问题设置议程的自由就越少。

如果研究者的文献综述表明可以验证某一具体的假设,例如在新环境中需要对大量问题的答案或是许多案例的变量进行逐一比较,那么研究者会有兴趣使用结构化访谈。研究者需要保证所采用的访谈是可行的,例如,研究者要有时间进行其需要的访谈。如果研究者倾向于"控制"研究过程以产生有效可靠的信息,那么他也可以使用结构化访谈。

Atkinson 和 Kintrea(2001)在研究中对四个社区的居民进行的访谈研究就是结构化访谈的例子。尽管他们没有详细描述,但他们将该方法称为"问卷调查法",它设置了一个访谈日程,列出了访谈员需要提出的问题。每个居民都会被问到同样的问题,除非某些问题可能不适合被访问者。在这里,为了得到特定的回答,"过滤题"的答案将指导采访者跳过某些问题。如果有人失业,那么给他的调查问卷中就不会出现关于当前就业性质的问题。虽然他们使用"问卷"这一术语,但最好将问卷调查表看作是受访者回答问题时使用的工具而不是访问员(如邮寄问卷)所用的工具。

若是文献综述中对课题的研究很少的话,研究者对进行结构化访谈的兴趣就会减少。因此,访谈适合设置一个相当开放的研究问题。为了给未来更具结构化的描述性工作提供信息,和参与其中的人一起探索他们的经历,一起讨论当下的事情,这个问题是很有用的。通过半结构化访谈,在每次采访中以相同的方式询问研究中感兴趣的主要问题,但问题的顺序可能会有所不同,调查者可以随时给出提示并进一步探讨细节。最后,在非结构化(或非标准化)的访谈中,研究者可以从想要受访者讨论的主题列表开始,但是随着访谈的进行,这个顺序随着受访者提出的问题而改变,以便上一个讨论的主题列表可以成为下一个访谈的内容。非结构化访谈中非常需要这种灵活性。我和我的同事于 20 世纪 80 年代后期在大规模住房开发的地区对规划者进行访谈。访谈揭示了我们认为会引起兴趣的话题——新住房区域的布局和设计的质量——仅次于对"管理增长"的关注,即在发展过程之前和期间处理与当地居民、地方政治家以及该地区其他政府层级的政治关系。

研究者同样可以相信,研究过程中所需要的方法论不是"人为的",并认为采访越结构化,调查者对某情景施加的控制越多,该研究情景就越人为化。因此,受访者们对问题的回答就越不可能反映他们真实的想法、感受和信仰,也不可能揭示他们在日常生活中的做法。访谈此处涉及建立"意义",以及作为访谈对象的那个人在想什么(见 Gomm,2004)。

部分研究人员认为结构化访谈只适合某些类型的问题,但不适用于其他问题。我们可以对问题进行分类——例如探索人们知道什么,他们做什么,他们思考或感觉什么。这带来了与事实、行为、信念和态度有关的问题(Robson 2002：272)。Atkinson 和 Kintrea(2001)将他们给受访者的问题很大程度上限于"事实"(他们的住房权属于什么；他们是否拥有一辆汽车；他们是否有工作；谁与他们住在一起；他们是否有朋友和家人在同一个社区)和"行为"(他们是否在过去的工作日里离开过他们的社区，当他们这样做时他们正在做什么)，而不是"态度"。他们认为，限制他们提出问题和获得数据的理由是，"与一些更好的态度结果(它将会更好地通过定性或人种学方法来处理)相比较，它们更适合于定量的方法"(2001：2283-2284)。在这种情况下，我们可以通过"定量方法"了解结构化访谈。同样，正如我们在第 3 章看到的，Burgess 等人(1988：456)声称，问卷调查或结构化访谈是揭示价值观和情绪的一种不充分机制，而"定性方法则更适合于探索开放空间的态度和价值观，因为该方法是基于人们的日常生活所提出的"(Burgess 1984；Glaser 和 Strauss，1967)。

然而，人们用更多的结构化访谈类型来衡量对英国城镇和国家规划的态度(McCarthy 和 Harrison，1995)，并用于研究城市的生活质量。心理学家及其他人的大量研究已经在使用结构化方法和态度量表以及标准文本的研究方法，如 Robson(2002)就倡导这种方法。

深度访谈与广度访谈

作为研究方法，访谈存在分歧的另一个方面是访谈过程中调查主题的深度。这与半结构化和非结构化(通常称为定性)访谈之间的差异有关，定性访谈通常用于更深入地探讨一个主题，但涉及的案例访谈较少；而结构化(定量)访谈提出的问题较少，但案例的数量更多。考虑到小规模研究的实际限制，研究者需要权衡可以调查的案例数量和可以探讨的问题深度。

个人访谈与团体访谈

很显然，个人和团体访谈的区别与接受访谈的人数有关。团体访谈近年来变得更加普遍。团体访谈(或焦点小组)涉及一个由采访者领导的小组。为什么选择团体访谈？团体访谈通常对团体制定出观点(或就某个主题的观点的范围)的过程很感兴趣。笔者在第 2 章中描述了 Burgess 等人(1988)的研究，该研究的内容是开放空间对人们日常生活的重要性。他们使用的论证方法是团体访谈。整个过程持续了几个星期，它允许团体成员接触他们内心的感知和关注开放空间。让学生来管理这种扩展的使用是很困难的。但是研究人员使用团体访谈是出于实际的原因：对相同数量的受访者进行访谈，这无疑是更方便、更经济的方式，但是不能忽略方法上的关注问题。由于涉及群体动态，团体访谈得到的结果可能会不同于从一系列个人访谈中获得的结果,即人们在群组中的说法会与他们在个人访谈中所持的观点不同。团体访谈还有实际的缺点——如果对研究结果至关重要的人员不能都参与,那么他们将被单独访谈。

由于时间和可能产生的交通费用,假设一个研究者可能在一天之内进行两到三次面谈,那么面谈也会是一种昂贵的研究方法。电话访谈可以解决这个问题,这也是问卷调查可能发挥作用的地方,因为电话访谈是以有条理的方式寻求问题的答案。电话访谈广泛应用于规划研究和学生论文中,这是 Greed(1994)所抨击的事实。电话访谈可以替代面对面访谈,虽然不是很完美,但它有实际的优势——简单、经济,并且相比以访谈或长时间观察的方法来生成数据,耗时更少(de Leeuw,2008)。

人种学和观察法

什么是人种学?

与大多数社会研究一样,研究者们对于什么是人种学存在不同的意见,这在人种学的规划文献中有所反映。Greed(1994:125)认为:“人种学的研究与其他形式的定性研究之间的边界是‘模糊的’,这正是许多争论的根源”。一些人,如Hammersley(1990)认为人种学是一个广泛的概念,与诸如“定性方法”这样的术语重叠,并且研究人员“在其领域中”可以用许多不同的方式进行研究(突出使用观察和访谈来生成数据)。正如 Greener(2011)所说,这样定义过于宽泛而无用,而其他将人种学与人类学实践联系在一起的定义则相反。Greener(2011)选择了一个中等范围的定义——一个不同于规划文献中的定义。

Forester(1993:188)在规划中对人种学的描述是有帮助的,因为该描述开始考虑过程中的一些典型特征。“通常,这样的工作不仅涉及与规划者和分析师的面谈,而且还包括对‘政策过程’中的各种正式和非正式会议的观察或参与,例如,规划者和分析员自己的工作会议。”Forester 的描述中存在一个人们普遍认同的观点——研究的行为存在于日常生活、现实世界或自然环境中。对规划者来说,这些日常情况或自然环境包括他们在工作期间参加的各种类型的会议。当然,规划研究人员不需要用他们的人种学研究限制规划者的行为。他们同样可以研究城市某地区中居民或发展行业工作人员的行为,尽管研究后者的行为很难。

为了研究这些日常情况,研究者必须出席或参与某些活动,这意味着要找到某种隐蔽或明显的方式来进入情境。部分选择隐蔽角色的研究者已经就业,他们加入政党或其他组织进行他们的研究。有些研究者已经具有允许他们参与设置的职位。Blowers(1980)利用他在贝德福德郡的地方政治中的角色来研究当地规划的政策。同样,Kitchen(1997)利用他在曼彻斯特担任规划师的角色来报告规划的实践。Kitchen 存在一个选择,要么揭示研究者扮演的角色,要么保持角色隐蔽。对于外行人来说,如果参与是公开的,那么将需要与"把关员"谈判。Forester 在美国规划圈中的知名度很高,所以他只能公开进行参与和观察。

正如 Fielding(1993:158)的解释,有了参与,就需要把人种学家的"自我"展示给参与的人。正如他所说,"有用的观察战术有助于给人留下天真谦逊的印象,使成员们会乐于解释那些对他们来说显而易见的事情"。在第 2 章中介绍的 Underwood 对伦敦地区的参与者的观察研究中,我们看到她采用了一个新进入者的角色,以便了解该部门的工作关系。

参与需要观察所发生的事情,同时观察也往往是数据生成过程的重要组成部分。在秘密的参与过程中,那些看起来像是访谈的东西可能会揭露调查者伪装好的本意。但是,公开参与也提供了与采访者进行访谈的机会。在阐述第 2 章提到的访谈时,Underwood 区分了在伦敦自治市进行的正式访谈与非正式访谈。这里的区别在于要么是提前计划并使之作为正式的访谈内容,要么是在没有预先计划的情况下进行非正式访谈,但是在工作过程中这些机会性地出现的非正式访谈也更像是相互间的对话。访谈的优点是,它可以让研究者向参与者寻求任何情况下发生的事情的解释。在人种学研究中,数据生成方法的选择具有一定的灵活性,因此观察和访谈之间的平衡是可以改变的,例如 Henriksen 和 Tjora(2013)在特隆赫姆市的各个社区进行的"人种学研究",除少数使用观察法之外,大部分采用对居民进行深入访谈的方法。

在什么情况下,人种学会成为研究中生成数据的有用方式?

研究目的和问题

当人们对详细、细致地理解社会背景感兴趣调查时,以及正被调查的问题是新问题且少有先前的研究来指导时,人种学的研究是非常有用的(Greener,2011)。我最近对英国四个规划办公室所做的人种学研究就是一个有力的证明,该研究使用计算机来协助规划申请(Farthing,1986)。目前有关这方面的系统正在开发中,规划人员想知道他们是否应该投资这种系统,如果投资,该系统是否比其他系统更合适。这需要有这方面疑问的规划者通过短期课程和研讨会对其进行了解,我想提出一些基于规划者关注点的"相关研究"问题。当时的文献综述(1980 年代中期)显示,除了用作预测城市发展和区域变化的模型外,使用计算机进行规划研究的调查很少,没有什么可以用作管理目的的方法。因此,提出的研究问题相当开放——"这些新系统对规划应用程序的处理有什么影响?"其目的是进行一项探索性研究，以提供深入的沉浸式描述，描述那些参与其中的人如何理解和弄清在第一次使用系统的情况下发生了什么。当时的英国就和近代一样，中央政府对规划的关注在于规划的拖延。规划被视为发展的阻碍，因为决定规划应用程序需要花费时间，所以即使在国务卿的工作规划里，也未得到落实。正如一位国务卿所说，"把工作锁在文件柜里"。使用计算机或许可以加速该进程，这样也会有其他好处，通过获得过去的规划应用数据库来帮助理解某地区发展压力的本质。我花了三个月的时间实地观察工作人员会议、在不同的地方对计算机系统的运用、采访规划行政人员要做什么、计算机如何影响他们的工作模式。

数据来源和抽样

对于"计算机在规划中的应用"这一研究，可以产生适当的数据源是一些**地方**引进计算机的规划办公室——那里提供了观察规划者和其他人行为的机会，同时可以学习那些从业人员和行政人员的术语，并在处理发展规划应用的日常工作中研究他们之间的关系。数据源也可以是规划工作室的**人员**，特别是那些参与系统实施工作的人员和那些受新系统影响的工作人员，他们可以反映自己的行为，以及随着电脑的引入，这种行为如何、为什么发生了变化。这使得人们能够了解不同的人对这些情况的不同观点。因此，一级抽样单位就在这些地方。四种情况的选择是基于所实施系统的类型，因为这是专业人员所关注的问题，并且这种选择被认为是系统工作效果如何的重要决定因素。

实际原因

选择人种学作为一种研究方法，或者更确切地说是各种方法的结合，还必须考虑到进入感兴趣的地点或环境和可用的时间。在有关访问的问题方面，部分数据源比其他数据源更难以访问。对于某些人而言，访问会有一定的障碍，并且人们经常说，相对无权威的群组比有权威的更加容易访问[虽然这引发了关于如何定义有权威的争论（见 Cochrane，1998）]。在访问相对闭塞的地方，学生有可能从已建立关系的联系人那里获益，而这些联系人充当了不同情况或是兴趣关注点的"把关人"。部分学生会做有关规划的兼职工作，使自己的组织工作可以成为研究对象；而另一些学生在全日制学习期间也许有一段时间参加一些组织的项目，他们会有兴趣构建环境问题作为课程的一部分。这些情况也会为人种学的研究提供机会。假期中的工作可以建立联系网络，与两种人建立联系：一种是把关人，另一种是促进一些有趣研究的人。

人种学研究的完成需要花费很长的时间。Kitchen(1997)花了 17 年的时间潜心研究曼彻斯特的规划实践。Henriksen 和 Tjora(2013)的研究进行了 5 年；Underwood 在伦敦的规划工作室的研究进行了 6 个月；Tait(2011)进行了 2 个月。很多学生无法想象人种学的研究需要耗费这么久的时间。然而,Greed (1994:126)是人种学的倡导者,她认为这可以在论文中阐明,并且"研究思想、采用的方法和研究方式结构化"比花费的时间长短更加重要。她还指出,人种学工作中的访谈风格对学生更具吸引力,因为它比封闭式问题更"开放和自然"。其实人种学的研究需要学生们在做学位论文时有效地组织他们自己的工作。

方法论原因

最后,根据上述方法论论点和第 6 章关于在自然环境中而不是在完成调查问卷的人为背景下研究行为的重要性,可以证明选择人种学方法是合理的。

文献

什么是文献?

Macdonald 和 Tipton(1993:188)将文献定义为"我们可以读到的并与社会世界各方面相关的东西"。所有调查研究都以某种方式使用文献。显然,文献综述会使用文献——例如书籍中的文章、章节——以确定有关该主题或感兴趣问题的知识状态,并定义研究中要回答的问题性质。研究者可能对论证研究该项目将解决的一些与公共政策相关的问题(如 Atkinson 和 Kintrea 对区域效应的研究)感兴趣(见第 4 章)。这里需要参考一些官方政策文件来说明这一点。但是本章的兴趣不在于文献的背景设置使用,而在于有关社会世界生成数据的文献使用。

在与研究方法相关的书中,由于对"文献"的解释不一,该标题下的确切内容也不尽相同。人们认为文献是基于文本的,但并非所有文献都基于文本。照片是个很好的例子,它通常包括在文献类别下。规划研究人员感兴趣的文献通常包括文本和视觉材料(包括照片、地图、计划和图表)。还有部分文献记录官方统计数据,其中大部分是数字材料,尽管数字不是文本,但它无疑是文本的一部分,而且被采用的分析类型可能是定量而不是定性的(见第 8 章)。这里我将基于文本的文献和官方统计数据做一个区分。

基于文本的文献

据 Rapley(2007:10-11)的说法,报纸和杂志上的文章是最普遍和最容易获得的文献来源。这些文章是大多数学术项目的巨大潜在资源。你只要想想地方及全国多样化的周报和日报,以及我们生活中日益增长的一般性和专业性杂志的数量,就会意识到那些唾手可得的分析材料数不胜数。然而,规划研究很少会使用这一资源。其他文献,特别是由国家和地方政府编制的文献——议会法案、绿皮书、白皮书、实践指南、规划、政策声明等——都是规划者们所居住的社会世界的重要组成部分,因此它们是有意义的,并且许多参与规划的人都对这些文献有内在兴趣。在英国,规划申请、是否批准申请的官方意见、参与者就申请提交的建议以及支持或反对的各方对拟议开发的意见在这里都是很好的例证。

为什么要使用它们?

研究目的和问题

政策文献可以并已用于各种研究目的。在这些文献中,规划研究人员对发展计划尤为感兴趣。引用 Vigar 等人(2000)采用的术语,发展计划是规划系统中"硬基础设施"的关键部分,并且其制定过程需花费相当多的时间和精力。除了对计划中所表达的目标和政策感兴趣之外,研究人员还对制定特定政策的原因感兴趣。因此,许多研究人员对制订计划的社会过程和参与制订的人员感兴趣。虽然这些发展计划没有像在世界其他地方(例如法国)一样享有法律地位,它们还是英国规划者影响城市效益的主要手段,因此研究人员对这些计划规划者、土地所有者、建筑商和房主的思考和后续行为的影响有相当大的兴趣。近年来,规划研究人员对政策文献中使用的语言或话语很感兴趣,即政策的修辞,这在很大程度上受到 Foucault 著作的影响(参见 Lees 和 Demeritt, 1998; Lees, 2003)。他们对文献已说明及未说明的内容同样感兴趣,并且还对选择性集中关注的某些问题感兴趣。

数据来源和抽样

相关文献是生成研究人员所需数据的潜在数据源。规划可以用来生成有关某地区的官方或正式政策的数据。Berke 和 Conroy(2000)对美国地方规划以何种力度强调可持续发展原则以及为什么不同地方对可持续发展的支持力度不同十分感兴趣。他们从美国众多州中选择了一个当地的发展规划样本,并对这些规划的内容和语言进行评估,以衡量每个规划支持六项可持续发展原则的力度。

除了正式规划,通常还有许多背景文件——对一个地区各种因素(人口变化、住房、运输、环境问题)的分析以及其他补充性政策文献。这些文件是二手数据的重要来源,该二手数据可用于后续研究(见下文官方统计部分)。

现实原因

可能存在一些对使用文献感兴趣的现实原因。研究者可能希望对课题做进一步的研究,并使用先前研究者使用过的同类文献。对于规划历史的研究,这些文献可能是某个课题(例如改变城市规划的国家政策等)唯一可用的数据来源。Hobbs(1996)在议会中使用立法、国家指导和辩论等文献,以确定 1945—1996 年期间国家规划问题的变化范围和性质。类似地，Healey 和 Shaw(1994)描述了战后时期规划者和决策者理解"环境"的方式。在这两个案例中，那些参与制定政策的人可能已经联系不到或者过世了。即使在更短的时间内(比如 20 年的时间)研究住宅发展的历史，要找到能采访的人可能性也很小，因为他们不是退休，就是换到其他岗位上，很难找到或联系到，就算研究者可以调查到他们，但由于事件太遥远，他们也不可能记得很清楚。

方法论原因

很显然，研究人员往往以不同方式将生成数据的文献概念化，这将影响他们构建研究问题和处理生成数据的方式(May，2001)。有些人可能会将官方计划和政策文件中包含的数据和分析视为有关其所述地区的人口、经济和交通系统的趋势的客观事实陈述。对于前面讨论过的 Berke 和 Conroy(2000)的研究，方法论的观点是，他们分析的地方规划文件的文本是对规划政策如何促进可持续发展概念的客观评价。

对于其他研究人员来说，他们对文件的兴趣在于，这些文件告诉了我们，那些制定这些文件的人是如何解释这个世界的。例如，Greed(1994：120)讨论了她如何从头开始读皇家城市规划专业的杂志，花时间研究她所谓的回顾人种学，通过细读著名的教科书，调查有重大影响的中央和地方政府计划和规划出版物以寻找对规划行业当前态度和价值判断的历史根源的线索。

第三种文件使用的方法，受 Foucault 以及第 2 章中提到的知识的选择性和社会建构论的影响——在 Atkinson(1999 年)对《让社区参与城市和农村重建》(DoE，1995)这一文件的分析和 Lees(2003)关于第 3 章讨论的城市工作小组的报告中得到阐明。他们都对文件感兴趣，将文件作为一种揭示或生成政策话语知识的方式。据 Alvesson(2002：48)所说，"话语是一个灵活的概念，可以以多种方式使用"，但是 Rapley(2007)认为对话语的主要关注点在于在特定语境中如何使用语言，以及在具体语境中，通过特定方法描述和分析创造了怎样的世界。正如 May(2001：183)所说，一般来说，"文件现在被视为表达社会权力的媒介"。

Mason(1996：71)将文件进行了区分，一种是研究前的既有文件和另一种是研究者用来生成数据的文件，例如关于城市更新方面的政策文件[见 Atkinson(1999)；Lees(2003)]，另一种是研究过程中创建的文件，无论是研究者创建的，还是研究者正在研究的人员或机构创建的。举一个研究人员在研究过程中制定文件的例子就是，规划者会议上所说的文字记录(Forester，1996)，或者研究人员通过访谈获得材料所产生的故事，如在第 5 章中讨论的由 Hoch(1996)阐述的两名规划者的工作经历的故事。例如在研究过程中，为研究人员编制的文件可以是由样本人群保存一周左右的旅行日记。

已经存在的文件和通过研究过程创建的文件之间存在着重大差异,这种差异的重点在于,研究者不会影响预先存在的文件的内容,尽管他们很可能对通过研究过程产生的文件内容有着或多或少的影响。虽然看起来后者更具有选择性,但其实两者都具有选择性。如果研究者使用预先存在的文件,那么写作内容的选择将由作者和其本人写作的目的决定。除此之外,研究者只会选择那些能解决他们感兴趣问题的文件来学习,并且在这些文件中,研究者只会生成有关其中一些特定内容的数据。Atkinson(1999)承认,任何现有政策文件都可能有不同的"解读"。

相关文件研究可以与其他研究方法结合使用。根据研究目的,通过对参与制定或实施政策的人进行访谈可以补充政策文件。在后一种情况下,相关文件中表达的政策与实施政策的人员如何理解政策的含义,以及他们如何采取行动使其生效之间的差异可能是研究人员明显感兴趣的。Haughton 等人(2010)对英国和爱尔兰 21 世纪头十年的新空间规划的研究就是一个典型的例子,该研究试图将新"书面规划"中表达的政策与实地开发交付进行比较。如果文件所描述的内容和个人的认知之间存在差异,那么就会存在如何整合或调和不同来源的问题,尽管对于规划专业的学生来说,他们可能对规划中所阐述的意图和行动/实施之间可能存在差异并不惊讶。

官方统计数据

什么是官方统计数据?

国家提供了大量的统计数据。其中一些是精心规划调查研究的结果,如"劳动力调查"或"新收入调查"。其他数据则是国家运作的副产品,如失业救济金申领人数的统计数据或"土地注册处"有关住宅价格的数据。这些数据的再分析,以及由另一个研究者或组织收集的任何数据的再分析都被称为**二手数据分析**(Hakim 2000:24)。

人口普查广泛运用于规划研究,可提供从全国到"输出区域"范围的人口、移民、住房和户口的数据。"输出区域"这一概念在 1991 年第一次被引入苏格兰,后于 2001 年引入英国其他地区。它们在 2011 年人口普查中被再次使用,目的是使边界变化最小,这些限制主要用于自 2001 年以来出现大量人口变化的地区,从而允许对同一地理区域进行比较。输出区域至少有 1 000 人口,上限为3 000 人口(100~400 户)。这些数据已被广泛用于规划和政策研究。每十年提供的人口普查数据用于衡量和描述英国主要城市的人口变化(例如,见 Champion

和 Fisher，2003）。因为它们的可用范围很小，并且政策利益致力于社会剥夺，所以它们也被视为复合剥夺指数之一，如被 Atkinson 和 Kintrea 用于在格拉斯哥和爱丁堡市选择他们的研究区域。为人口普查生成的统计数据来自高效的自填式问卷，这些问卷由调查员分发给每个家庭。实际上，并不是每个家庭都能完成该问卷，因此在所有的普查中都存在"计数不足"的因素，这个问题在过去几十年来变得越来越重要；年轻男性和少数民族也存在计数不足的问题。在 1991 年的人口普查中，这个问题被戏称为"百万失踪人口"，在 20 世纪 80 年代后期推出社区收费后，该问题受到了一些人的指责。

许多在 ONS 网站上发布的社区统计数据——除了那些从人口普查中获得的统计数据——都不是很细致，而且主要涉及大范围地区，特别是地方当局。其实，统计数据也可以从地方政府获得，并与地方政府有关。Wong（2006）描述了1997—2010 年工党政府在地方层面对循证政策的鼓励工作，尽管改进数据收集的动力似乎在不太富裕的地区最为明显。在这些地区，"信息可用于游说或为更多的资源投标。一些统计数据由地方规划当局定期收集以监测主要土地用途的趋势。研究人员通常可以访问这些数据，并根据自己的目的进行分析。Guy（2010）进行了一项研究，该研究旨在以卡迪夫市政府收集的总建筑面积（平方米）的数据为依据描述卡迪夫市二十年来的零售业变化，并解释尽管官方政策限制非中心零售发展，该类型的发展仍然会有增长的原因。使用这些数据会有困难，所使用的约定惯例和定义可能与研究者理想情况下想要的东西不匹配，并且它们也会随时间而改变，这使得这类历史性的比较变得更加困难。

为什么要使用相关文献研究？

研究问题和目的

二手数据通常适用于将研究问题转换为可用现有数据回答的问题。我们在第 6 章看到，Wood（2000）基于规划申请的拒绝率对英国地方规划当局的"协商性"的研究和根据拒绝的上诉率对发展的动力的研究，是明显的归纳研究。这种基于发展控制统计的二手数据，由地方规划当局编制，并返回中央政府，该数据曾用于描述和解释规划系统的运作。在早期的规划研究中，Brotherton（1982）使用了英格兰和威尔士国家公园规划申请数量的数据来描述每个国家公园的发展压力，并使用人口普查数据来测试某些假设，以得出发展压力不同的原因。

数据来源和抽样

官方统计数据来自不同的数据源，并通过多种生成数据的方法获得。其中一些数据（例如"劳动力调查"）来自群众，并通过结构化访谈生成。其他数据则是政府官僚程序的副产品,例如由 DCLG 发布的某个地区建成的可负担住房数量,这些数据来自家庭和社区机构、大伦敦当局的"投资管理系统"以及当局各部门的记录,当局再将这些数据返回社区部门和地方政府。尽管在当局提供大量可负担住房的地方,对这些数据进行了核实,这个系统依然存在重复计算的风险。因此,研究者需要确定这些方法是否令人满意,以及在生成此数据时采用的约定是否能反映出其本人的研究需求。

实际原因

规划研究人员使用官方统计数据和二手数据有很多实际的原因。Blaxter等人(2010)给出了一系列这样做的原因。收集初级数据困难、耗时,并且非常昂贵。如果研究者需要的统计数据已经存在,那么使用它是非常明智的。这样的话,研究者就可以将工作重点放在分析和解释初级数据上,而不必把时间耗费在数据的收集上。当然,我们必须根据某些约定和定义收集可用的数据,并且这些约定和定义会随时间改变。

方法论原因

在研究中使用基于文本的文献需要考虑研究人员解释文件的方式,同样地,使用官方统计数据也会引起解释的问题。May(2001)认为大致有三种类型的解释:"制度主义者"的解释认为,统计数据更多地说明了产生它们的组织及其优先级,而不是关于世界的任何"现实",它强调统计数据的社会建构;"激进"观点进一步发展该解释,并将其视为政府命令和规范人口方式的一部分;最后,"实证主义"的观点认为它们是对社会世界产生进行客观测量的尝试。在这种观点下,官方统计数据的一个重要问题就是他们所依据的可用数据的可靠性。Wong(2006)描述了 2000 年初编制城镇和城市指标数据库的研究人员所面临的问题,因为生成各种国家统计数据的方法被不断修订和调整,产生了对城镇和城市的"地方预估"的结果。失业人数和就业人数出现了突出问题,在"劳动力调查"和"年度商业调查"中预估的工作数量之间存在显著差异。数据生成过程的可靠性差异引起了生成统计数据的有效性问题以及随时空比较变化的有效性问题。

基于对规划应用数据的使用,Brotherton(1982)在论文中讨论了数据的有效性问题(McNamara 等,1984)。这关系到以每年每千人口的申请数量衡量"发展压力"的有效性。应用程序总数的一个局限性是它不考虑区域间规划应用程序的可变特性,其中一部分应用程序用于大型开发项目,而另一部分应用程序则用于较小型的发展项目。每千人口的规划申请数量衡量了潜在开发商进行规划应用的方向,但这可能与通过土地价值衡量的发展需求不同,原因是高土地价值可能会激发土地所有者开发自己土地的希望。这也不同于发展活动,因为只有特定类型的发展需要规划许可(农业被特别排除在外)。Brotherton 承认他的措施不是衡量发展需求的指标,它只能大致衡量发展的压力。他也同意,"发展压力"这个术语可能不是他所衡量的理想标签,但是没有比它更好的选择。辩论还强调了收集数据的方式。他们尤其指出,由 LPA 注册制定规划申请可能会受到 LPA 运营方式的影响。一个值得注意的因素是 LPA 将资源花费在与潜在申请人的预申请讨论或谈判的程度。这项程序会引出一个发展提议,根据规划人员对可接受度的初步意见,这项提议不能作为 LPA 规划申请提交,而在没有预申请讨论的其他地区,相同的申请可能被提交,并且随后遭到拒绝。Brotherton 认为(McNamara 等人,1984),如果这个假设是真的,申请率会下降,那么拒绝率会降低,事实上这是真的(虽然他怀疑申请前的讨论解释的正确性)。

小结/核心观点

在本章中,我提出只有有限的几种研究方法。部分研究人员喜欢使用特定的方法并进行标记,例如他们作为"定量研究人员"使用调查问卷。我认为定量和定性的区别对决定项目使用的方法没有很大帮助,并且采用之前就决定使用的方法来启动项目是不明智的。在任何研究中决定数据生成方法的步骤应该是:

1. 从问题入手:该方法能产生回答研究问题的数据吗? 这是最重要的考虑。
2. 考虑数据源、人或地点,这将允许研究者生成想要的任何数据,无论研究者打算调查什么案例。
3. 研究者进行研究的时间,以及研究者感兴趣的研究背景都要现实。
4. 与研究者生成关于社会世界的数据最合适的方法论信念一致。

练习:数据生成的方法

　　阅读本章后,我希望研究者现在可以考虑数据生成的方法,研究者可能会用该方法来回答研究问题。此练习要求研究者:

1. 确定可能使用的方法。
2. 根据研究者回答的研究问题、研究者可能从中产生数据的潜在数据源、任何实际考虑(可用的时间和金钱)和研究者认为的令人信服的方法论对拟议项目方法的优点和缺点做简要说明。

拓展阅读

　　本章给出了城市规划研究中使用不同的数据生成方法的例子。如果研究者想了解使用该方法研究的例子,这些很值得参考。Sandercock(1998)提供了规划者在他们的研究角色之外使用一系列方法的理由,但不排除那些"定量方法课程"教授的方法。

　　社会研究中有大量关于研究方法的书籍。其中一些书籍旨在涵盖更为全面的方法并讨论一系列的方法。学生们在过去发现的一些有帮助的书籍如下:

　　Bryman A, 2008. Social Research Methods[M]. Oxford: Oxford University Press.

　　Gilbert N, 2008. Researching Social Life[M]. 3rd ed. London: Sage.

　　May T, 2001. Social Research[M]. 3rd ed. Buckingham: Open University Press.

　　McNeill P, Chapman S, 2005. Research Methods[M]. 3rd ed. London: Routledge.

　　Robson C, 2002. Real World Research[M]. Oxford: Blackwell.

　　更加具体的研究方法可以参考以下资料:

　　访谈和问卷调查:

　　Arksey H, Knight P, 1999. Interviewing for Social Scientists: An Introductory Resource with Examples[M]. London: Sage.

　　Czaya R, Blair, J, 2005. Designing Surveys: A Guide to Decisions and Procedures[M]. 2nd ed. London: Sage.

　　de Vaus D, 2002. Surveys in Social Research [M]. 5th ed. London: Routledge.

　　Gillan B, 2008. Developing a Questionnaire [M]. 2nd ed. London: Continuum.

　　Kvale S, 2008. Doing Interviews[M]. London: Sage.

　　King N, Horrocks C, 2009. Interviews in Qualitative Research [M]. London: Sage.

　　人种学和观察法:

　　Angrosino M, 2007. Doing Ethnographic and Observational Research[M]. Thousand Oaks, CA: Sage.

　　Gilham B, 2008. Observation Techniques: Structured to Unstructured[M].

London: Continuum.

Hammersley M, Atkinson P, 1995. Ethnography: Principles in Practice[M]. London: Routledge.

文件

Burman E, Parker I, 1993. Discourse Analytic Research: Repertoires and Readings of Texts in Action[M]. London: Routledge.

Howarth D, 2000. Discourse[M]. Buckingham: Open University Press.

Prior L, 2003. Using Documents in Social Research[M]. London: Sage.

Rapley T, 2007. Doing Conversation, Discourse and Document Analysis[M]. London: Sage.

参考文献

Alvesson M, 2002. Postmodernism and Social Research[M]. Buckingham: Open University Press.

Atkinson R, 1999. Discourses of Partnership and Empowerment in Contemporary British Urban Regeneration[J]. Urban Studies, 36(1): 59-72.

Atkinson R, Kintrea K, 2001. Disentangling Area Effects: Evidence from Deprived and Non-deprived Neighbourhoods[J]. Urban Studies, 38(12): 2277-2298.

Berke P R, Conroy M M, 2000. Planning for Sustainable Development: Measuring and Explaining Progress in Plans[J]. Journal of the American Planning Association 66: 21-33.

Blaxter L, Hughes C, Tight M, 2010. How to Research[M]. Maidenhead: Open University Press, McGraw Hill Education.

Blowers A, 1980. The Limits of Power: the Politics of Local Planning Policy[M]. Oxford: Pergamon.

Brotherton I, 1982. Development Pressures and Controls in the National Parks, 1966-1981[J]. Town Planning Review, 53(4): 439-459.

Bryman A, 2008. Social Research Methods[M]. Oxford: Oxford University Press.

Burgess R, 1984. In the Field: An Introduction to Field Research[M]. Hemel Hempstead: Allen and Unwin.

Burgess J, Harrison C M, Limb M, 1988. People, Parks and the Urban Green: a Study of Popular Meanings and Values for Open Spaces in the City[J]. Urban Studies, 25: 455-473.

Champion T, Fisher T, 2003. The Social Selectivity of Migration Flows Affecting Britain's Larger Conurbations: An Analysis of the 1991 Census Regional Migration Table[J]. Scottish Geographical Magazine, 119: 229-246.

Cochrane A, 1998. Illusions of Power: Interviewing Local Elites[J]. Environment and Planning A, 30(12): 2121-2132.

de Leeuw E, 2008. Self-Adminstered Questionnaires and Standardized Interviews in Conditions[M]//Alasuutari P, Bickman L, Brannen J. The Sage Handbook of Social Research Methods. London: Sage: 313-327.

Department of Environment(DoE),1995. Involving Communities in Urban and Rural Regeneration: A Guide for Practitioners[R]. London: Department of Environment.

Farthing S M, 1986. The Impact of Computers on the Processing of Planning Applications[J]. The Planner, 71(11): 17-18.

Fielding N, 1993. Ethnography [M]//Fielding N. Researching Social Life. London: Sage:154-171.

Forester J, 1993. Learning from Practice Stories: the Priority of Practical Judgement[M]//Fischer F, Forester J. The Argumentative Turn in Policy Analysis and Planning. Durham, NC: Duke University Press: 186-209.

Forester J, 1996. The Rationality of Listening, Emotional Sensitivity, and Moral Vision [M]//Mandelbaum S J, Mazza L, Burchell R W. Explorations in Planning Theory. New Brunswick, NJ: Rutgers the State University of New Jersey: 204-224.

Glaser B G, Strauss A L, 1967. The Discovery of Grounded Theory [M]. Chicago: Aldine.

Gomm R, 2004. Social Research Methodology [M]. Basingstoke: Palgrave Macmillan.

Greed C, 1994. The Real Place of Ethnography in Planning: or is it "Real Research"?[J]. Planning Practice and Research, 9: 119-126.

Greener I, 2011. Designing Social Research[M]. London: Sage.

Guy C, 2010. Development Pressure and Retail Planning: A Study of 20-year Change in Cardiff, UK[J]. International Review of Retail, Distribution, and Consumer Research, 20(1): 119-133.

Hakim C, 2000. Research Design: Successful Designs for Social and Economic Research[M]. London: Routledge.

Hammersley M, 1990. Reading Ethnographic Research: A Critical Guide[M]. London: Longman.

Haughton G, Allmendinger P, Counsell D, et al., 2010. The New Spatial Planning[M]. London: Routledge.

Healey P, Shaw T, 1994. Changing Meanings of 'Environment' in the British Planning System[J]. Transactions of the Institute of British Geographers, 19: 428-438.

Henricksen I M, Tjora A, 2013. Interaction Pretext: Experiences of Community in the Urban Neighbourhood[J]. Urban Studies, 50(10): 1-14.

Hobbs P, 1996. Postwar Economic Development and Town Planning Intervention [M]//Greed C. Investigating Town Planning. Harlow: Addison Wesley Longman: 19-31.

Hoch C, 1996. What Do Planners Do in the United States?[M]//Mandelbaum S J, Mazza L, Burchell R W. Explorations in Planning Theory. New Brunswick, NJ: Rutgers the State University of New Jersey: 225-240.

Kitchen T, 1997. People, Politics, Policies and Plans: the City Planning Process in Contemporary Britain[M]. London: Paul Chapman Publishing.

Lees L, 2003. Vision of "Urban Renaissance": the Urban Task Force Report and the Urban White Paper[M]//Imrie R, Raco M. Urban Renaissance? Bristol: The Policy Press: 61-81.

Lees L, Demeritt D, 1998. Envisioning the "Liveable City": the Interplay of "Sim City" and "Sin City" in Vancouver's Planning Discourse[J]. Urban Geography, 19: 332-359.

Macdonald K, Tipton C, 1993. Using Documents[M]//Fielding N. Researching Social Life. London: Sage: 187-200.

Mason J, 1996. Qualitative Researching[M]. London: Sage.

May T, 2001. Social Research[M]. 3rd ed. Buckingham: Open University

Press.

McCarthy P, Harrison A, 1995. Attitudes to Town and Country Planning[M]. London: HMSO.

McNamara P, Healey P, Brotherton I, 1984. The Limitations of Development Control Data in Planning Research: A Comment on Ian Brotherton's Recent Study[J]. Town Planning Review, 55(1): 91-101.

Rapley T, 2007. Doing Conversation, Discourse and Document Analysis[M]. London: Sage.

Robson C, 2002. Real World Research[M]. Oxford: Blackwell.

Sandercock L, 1998. Towards Cosmopolis: Planning for Multicultural Cities[M]. Chichester: Wiley.

Tait M, 2011. Trust and the Public Interest in the Micropolitics of Planning Practice[J]. Journal of Planning Education and Research, 31(2): 157-171.

Vigar G, Healey P, Hull A, et al., 2000. Planning, Governance and Spatial Strategy in Britain[M]. London: Routledge.

Wong C, 2006. Indicators for Urban and Regional Planning[M]. London: Routledge.

Wood R, 2000. Using Appeal Data to Characterise Local Planning Authorities[J]. Town Planning Review, 71: 97-107.

8

数 据 分 析

── **核心问题** ─────────────────────────────

在回答研究问题时提出了哪些类型的论点？

什么是数据分析？早期决策如何影响分析？

有什么类型的数据？

核心概念 🔑

定量数据；定性数据；定量分析；变量；结构效度；因果分析；因变量和自变量；代理变量；交叉列表（交叉分析）；随机抽样误差；统计意义；定性分析；关键信息提供者；佐证；概念框架；敏感性概念；索引；编码；三角测量；话语分析

概述

本章介绍研究的分析阶段，也就是说，在这个阶段你研究关注的重点是依据提出的论点进行论证，而这个论点是基于所进行的研究的。正如我们在第 3 章中看到的，有描述性论点和解释性论点，描述性论点用来回答描述性研究问题或"是什么"的问题，解释性论点用来回答解释性研究问题或"为什么"的问题。从某种程度来说，整个研究过程确实与这个问题有关，并且一些研究方法强调在整个研究过程中数据生成和数据分析之间的相互作用（例如，扎根理论）。然而，通常在研究结束的深入阶段，分析所生成的数据是主要关注点。

回过头来看第 5 章和第 6 章的讨论，我们可以看到两个不同层面的论点。首先，在研究中存在与特定案例或某些案例有关的论点或"结果"。其次，在研究的基础上有更广泛的论点或概括。当研究问题是描述性的，且研究中的案例代表更广泛的人群时，对这些案例的描述性论点可能是从样本到总体的一个经验归纳的基础。这可以说是，研究从几个城市、社区或规划者扩大到所有城市、社区或规划者。

　　在调查案例中用于解释一些事情的理由适用于这些案例之外的所有案例，在这样的情况下，如果研究问题为解释性的，我们就要做出一个理论概括。例如，从一些影响地方规划当局谈判立场的因素到发展应用再到适用于所有案例的理论的归纳。

　　因此，研究问题会影响您在研究基础上寻求的论点的性质，以及分析的目的。分析将帮助您把"原始数据"变成"论据"来支持这些论点。因此，在研究设计中，这显然是一个非常重要的部分，但是与数据生成所受到的关注相比，对于分析的考虑往往被忽略。

　　与早先的研究设计阶段相比，研究问题的性质，即它的开放程度如何，也会影响在数据生成期间和数据生成之后的分析阶段的工作量。在前几章中，我提倡采用一种缩小这些问题范围的研究方法。

　　本章内容如下。首先简要回顾可以生成的数据类型，包括文字数据或数字数据，数据类型会影响数据分析的方式。然后，通过依次检查定量和定性分析的例子来回答在本书前面的章节中作者在研究中提出的描述性问题和解释性问题。

　　这样做是为了重建分析的逻辑，借鉴作者对这些可用的解释。规划研究中的典型定量分析基于对调查数据的分析。在本章，我们有很多成熟的分析数据的方法可以采纳，并且这些方法可以在研究者的著作中被识别。有用于这种分析的计算机软件（例如 SPSS，MINITAB）。用于分析定性数据的方法没有得到很好的记录，尽管存在可用于此目的的软件（包括使用文字处理和电子表格）。在定性研究者写的有关规划的文章里并不总是清楚准确地说明是如何进行分析的。这可能导致已经做出的分析性决策的责任问题。Gomm(2004：19)认为，对那些希望通过定量研究来审查或检查分析过程的人来说，这样做是相对容易的，因为有标准程序，并且"数值数据不是特别重要"。相比之下，可能难以跟踪定性项目中做出的分析性决策，因为定性研究中的大量数据并不容易与其他人共享。

定性和定量数据

　　区分这两种类型的数据很重要，因为它会影响你分析数据的方式。但是，你决定采用的数据生成方法以及选择用于研究的案例数量也会对处理的数据类型产生部分影响。本章旨在以文字形式的定性数据作为要分析的数据类型。它可能是记录和转录非结构化或半结构化的访谈的结果，也可能是小组访谈的结果［由 Burgess 等(1988)进行］或来源于各类文件的文本。根据定义，定量数据是数字形式的数据。实际上,这些数据中大部分可能以文字的形式出现,但是随后被编码为数字。例如,结构化访谈通常会询问封闭式问题,而这些问题的答案范围是有限的。在访谈表的设计中,每个答案通常都是预编码的——引用一个Atkinson 和 Kintrea(2001)的例子——回答有关受访者是否在前一个工作日离开过社区的问题,可以用"是"或"否"来回答。"是"的代码可能是 1,而"否"的代码可能是 2。这里 1 和 2 并不意味着在对社区的情感上,未离开的人是离开的人的两倍。实际上,数字是标记,只不过像 SPSS 这样的统计软件包处理数字比文字更有效。在定量数据的分析中,如何组织、标记或编码数据是之前就已经决定好的,但是如果数据生成的结果是文字形式,通常仍要做出索引和编码的决定。

调查数据的定量分析

一个描述性的研究问题

　　我所举的例子来自 Hoch(1988)的研究。在 Forester 使用参与者观察的方法,Baum 采用了对规划者进行深度访谈的方法来研究规划和政治冲突之后,Hoch(1988)对这些早期研究结果的代表性感兴趣,在美国进行了"一项规划者和威胁性政治冲突的全国性研究",这项研究的目的在于"了解当规划者在他们的经济安全、政治合法、专业能力或道德完整性受到攻击时会做什么"(Hoch,1988:27)。第一个目标和兴趣之一是准确估计有多少规划者面临政治冲突,以及他们对政治冲突做出的本能反应。1986 年 11 月末,Hoch 准备了一份邮件调查并发送给美国规划协会(APA)全国成员的 5%(N=992)作为随机样本。样本中的四分之一(26.9%)左右的人返回了完整的调查问卷(N=267)。邮件问卷经常存在答复率低的问题,这是在问卷设计阶段就能够预期到的。但 Hoch 说,通常此类调查的答复率是 10%,本次调查的答复率大大高于这个比率。然而,从准确估计冲突和预测规划者应对冲突的反应的角度出发,如果你试图根据分析的样本对美国规划者的经验做一个归纳(见第 5 章),那么近四分之三的受访者未给予答复需要被视为一个问题。以这个样本框架为基础的另一个问题是:选择美国的规划者作为样本,并由此进行归纳,那这个样本就会漏掉不在美国规划协会的规划人员,而美国规划协会中不是从事规划事业的成员就会包括进去。尽管在 Hoch 的分析中包含了所有受访者的回答,但他仍然承认样本存在缺陷。图 8.1 示出了目标群体、样本框架、随机样本和所获得的样本(考虑了无回应之后)可能重叠的情况。

　　通过提出一个开放式问题,我们可以了解规划者面临的冲突的本质。受访

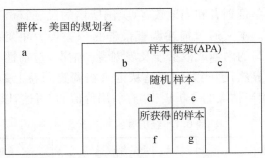

a=不在样本框架中规划者(省略)
b=样本框架中的人
c=样本框架中的人(APA的成员)，但不是规划者(不合格)
d=随机选择的规划者
e=随机选择的非规划者(不合格)
f=回答问卷的规划者
g=回答问卷的非规划者(不合格)
(来源：根据Hoch，1988)

图8.1 群体、样本框架、随机样本和用于分析的所获得的样本之间的关系

者用自己的话回答这个问题,然后研究人员将其答案编码为六个类别当中的一个,没有回答问题也作为其中的一个类别。这是在一些定量分析中有定性组成部分的示例。这种编码本身也需要分析,在这个意义上,作为研究者必须决定将回答编码到哪些类别中。因为调查是为了确定在 Baum 和 Forester 的研究基础上,政治冲突的经验是如何广泛传播的。Hoch 在设计阶段可以决定将要用到的编码类别,他可以使用以前研究中建议的分类作为类型分类的基础。他也可以使用一些关于回答的理论,最终他还可以决定使用答复者给出的答案作为划分的基础。

描述性分析

本节的目的是对美国规划人员在工作期间面临的"威胁性政治冲突"的性质以及他们在面对这场冲突时采取什么行动提出一些描述性主张。分析的第一步是估计这些不同类型的政治冲突的发生频率,在"频率分布"表中显示该变量的数据。变量是社会生活现实的表征,量化研究者们宣称可以对此进行测量。在研究问题中(结构效度),变量是如何实际测量现实的有一些争议。下面,我们将看一个和这相关的例子。

略超过一半(56%)的受访者报告在他们的职业生涯中有过威胁性的政治冲突。表 8.1(基于 Hoch,1988)显示了规划者面临的冲突类型的频率分布。此表显示了给出特定答案的受访者人数和每个类别的总受访者的百分比。频率分布表明,由发展引发的最常见的冲突类型出现在与规划原则或者政策相冲突上。

第二类冲突牵涉的是规划者和当地政客（美国所谓的民选官员）或与规划者的主管之间的观点差异。本文通过描述调查报告的一些政治冲突案例，逐字引述规划者在调查表上所写的内容或概括涉及规划者的情况，包括性骚扰，来说明这些不同类型的冲突。显然，这些案例都是从记录在调查问卷上的大量数据中选出的，并且为看起来相当枯燥的分析提供"有引用价值的"引述，以增添趣味性。

表 8.1 经历过的冲突类型

冲突类型	回答者数量	回答者比例
规划与政治	59	40
政治忠诚度	26	17
伦理纠纷	21	14
政治"挤压"	20	14
社会正义	11	8
无回答	12	8
总数	149	

资料来源：Hoch(1988)

另一项分析显示，三分之一的规划者不止一次面临这样的冲突，15％的人每年都会或更多次地面临这样的冲突。他在这个证据的基础上进行了经验归纳，"尽管威胁性政治冲突在规划者中相当普遍，但在大多数规划者的职业生涯中并不经常发生。"(1988：27)规划者在面对冲突时做了什么？这里的分析主要是规划者是否采取了一些行动来避免冲突，以及规划者是否认为该行动是成功的。表8.2是一个简单的交叉列表或一个双变量分析，同时考虑这两个变量。本表中的百分比显示了所有经历过潜在冲突的人员在表中不同单元格之间的比例。

表 8.2 通过成功回避防止政治冲突的各种努力

努力避免冲突？	成功回避？	
	是	否
是	成功	失败
	20％	40％
否	有保护	未准备
	24％	16％
	$N=267$	

百分比的总和加起来为 100％，表的底部的 N 指的是已经计算出这些百分比的样本的大小。这个分析显示了四种类型的反应和结果：规划者是"成功的"，"失败的"，"有保护的"和"未准备的"。在这个表中，我们知道这些类别是建立在以前的研究基础上的，来自 Hoch 和一位同事以前进行的一项对芝加哥的规划者的访谈调查。

这里的描述性论点是，"虽然五个规划者中有三个要么试图避免冲突的可能性，要么试图在潜在的争端变得具有威胁性以前寻求预测及解决的方法，只有三分之一是成功的"（1988：29）。这种描述性论点和经验归纳产生的问题不在于数据分析，而是由于样本框架的不足（APA 的规划者就代表美国所有规划者了吗？）以及由于非常多的人未能回答问卷造成的可能的偏差（见图 8.1）。例如，那些在职业生涯中面临威胁性政治冲突的人，比那些没有经历过的人更有可能做出反应吗？这样做的一个原因可能是，在收到这样的问卷时，那些没有面临这种冲突的人可能认为他们的回复不会引起兴趣，因为它们对调查没有什么用处。如果是这种情况，答复将是有偏差的，冲突的程度会被夸大。

一个解释性的研究问题

在这种情况下，我看了由 Atkinson 和 Kintrea(2001)做过的一些分析。正如我们在第 3 章中所看到的，在 21 世纪初，英国城市改善贫困人口生活的政策是基于这样的理论："社区深刻影响教育，就业和健康等结果"（Atkinson 和 Kintrea，2001：2277）。

Atkinson 和 Kintrea 想要验证这个理论，即你住的地方（你的邻居）会对这种结果产生"更大"的影响，或者对于诸如性别和阶级等非空间因素的控制也会有影响。因此，他们参与了对政策的评估，而不是评估政策的影响，从某种意义上说，他们在寻找证据来支持或批评这个理论：你所居住的地方确实对社会结果有独立的影响，并反过来支持（或不支持）有关于社区的政策。

因果分析

Atkinson 和 Kintrea 通过选择穷人和社会阶层混合集中程度不同的区域："贫困"地区（穷人集中程度高）和"混合"地区（穷人集中程度低），采用了一个自然实验。但是，有一些而不是所有影响结果的机制，是由于一个区域特定类型人群集中程度所导致的。例如，这可能会影响该地区的声誉，一旦人们知道他们居住的地区就会增加他们获取就业机会的难度。

由于认识到人们的教育、就业和健康的情况可能受到较大地方（城市）——其社区所在地的影响，近年来他们（Atkinson 和 Kintrea）在有不同经济变化记录的两个城市(爱丁堡和格拉斯哥)各选择了一个贫困区和一个混合区。他们在这四个社区中分别选择了一个地址样本,并对居民进行了访谈,除了其他事情以外以确定居民的就业和健康情况。我们应该注意到一点,他们在采样的地址没有获得100%的回复率,回复率为53%。这意味着,非回答者(47%的地址)很有可能不同于受访者,而且样本并不代表社区中人口的特征,因此,在从这些数据中进行经验归纳时,人们可能会受到限制,即对这些社区(或英国其他类似的社区)的人口特征进行描述的时候。如果样本是不具代表性的,样本将是存在"偏差的",这使得数据中任何具有明显关联的解释都是有问题的。

这里关注的假设是,你所居住的社区的社会阶层(原因)影响你的就业结果(结果),分析的出发点是比较衡量生活在贫困地区和混合地区的人们的就业结果的变量。在一项研究中把原因因素标为自变量,把结果因素标为因变量。分析的目的是评估两个变量之间的关联。

如表8.3所示,通过变量的"交叉列表"进行分析。因变量,即"结果",是居民的就业率,即以16~65岁居民的就业百分比来衡量。

表8.3 按所有权分列的就业交叉表

所有权	爱丁堡				格拉斯哥			
	Dalside/贫困区		Lockhart/混合区		Westfields/贫困区		Craiglee/混合区	
	百分比(%)	N	百分比(%)	N	百分比(%)	N	百分比(%)	N
业主自有 **	58.1	31	84.6	117	61.0	41	72.4	105
地方当局	28.6	98	33.3	3	22.1	95	22.2	36
住房协会 **	54.5	33	45.5	11	11.1	19	0.0	3
私人租赁 **	100.0	3	63.2	38	0.0	2	0.0	3
总计	40.6	165	75.8	169	31.0	157	56.3	147

基数:所有受访者均处于16~65岁间。
** 在5%水平上具有显著性。
资料来源:Atkinson 和 Kintrea(2001)

我们如何解释这张表格?首先,这里有两个混杂因素或"控制"变量。第一个控制变量由表中爱丁堡和格拉斯哥间各列的划分表示,两者或多或少代表了繁荣的城市环境,而不是在这种情形下,这些城市具有的内在价值。我们可能会假设这两个城市的人们会有不同的就业前景,因此这种差异在表格的分析中是

"可控的"。我们预计爱丁堡总体就业水平将高于格拉斯哥。

自变量,即分析中假设的"原因"是贫困人口(社会混合)集中程度。这反映在表中每个城市内两个地区之间的细分,其中一个是贫困地区,另一个是混合地区,阴影部分为贫困地区。因此,在爱丁堡,贫困地区被标记为"Dalside",混合区是"Lockhart"。在格拉斯哥,他们分别是"Westfields"和"Craiglee"。因此,在该分析中,对于居民的就业前景而言,可能存在不同空间尺度的影响因素。这种情况有时被描述为多级分析。

表中有四列。在每列的顶部是"百分比"和"N"。这里的百分比是指房屋使用权拥有者所占的比例。N 是每个拥有房屋使用权的受访者的样本大小。因此,对于贫困区而言,贫困区中 31 名受访业主的抽样调查,有 58.1％的业主在职。

忽略时间的因素和受访者拥有房屋使用权的因素,为了验证一个地区贫困人口的集中程度对就业结果有影响的假设,可以通过比较两组人的就业率来衡量,其中一组人居住在贫困人口集中程度高的社区,而另一组人则居住在贫困人口集中程度低的社区。我们可以看到,无论是爱丁堡还是格拉斯哥,相比较而言,贫困地区的就业人口比例低于那些混合地区。例如,在 Westfields 16～65 岁居民的就业率是 31％,而 Craiglee 为 56.3％。所以,初看,我们有证据表明贫困人口集中程度与居民能够获得就业机会之间存在联系。

但是,首选这些地区是以贫困程度为基础的,贫困的指标之一是失业或被劳动力市场排除的人,因此,我们会预期这些差异的存在。但是,Atkinson 和 Kintrea(2001:2292)担心的是,"是否有一个额外的社区因素对失业造成影响"。然后,我们想知道的是,是否有相似特征但是住在不同区域的人能获得相同的就业机会。这就是他们考虑房屋使用权拥有者的原因。这是他们的第二个控制变量。他们认为房屋使用权是贫困的"代理":那些在租赁委员会租房的人是穷人。因此,将房屋使用权考虑在内的分析控制了一些人与人之间的差异,旨在确保在区域之间进行比较时,我们是在"同情形下进行比较"。在研究者看来,"代理"变量不能测量他们感兴趣的现实情况。在该案例下,"代理"变量指的是"贫穷",但由于各种实际原因(如在结构化面试中测量收入的困难程度),它表示一个"合理的"近似值。

那么,这张表格告诉了我们住在贫困聚集度高的地区或贫困聚集度低的地区对于就业有什么影响呢? 从表面上看,这张表说明,影响可能取决于一个人的房屋使用权类别。如果我们首先看繁荣的城市环境,似乎在贫困地区的业主(被认为是更富有的居民)比混合区域(84.6％)的业主就业率低(58.1％),这和假设一致。对于居住在当地政府出租房屋里的居民(那些被认为是穷人的人),就业率在两个地区之间似乎没有太大的差别,在贫困地区为 28.6％,在混合地区为 33.3％,这差异和假设是一致的。对于最后两类房屋使用权的——住房协会和私人租赁——这个差异似乎和假设的结果相反——因为生活在贫困地区的居民就业率似乎高一些。

如果我们看不太繁荣的格拉斯哥市,在业主、政府房租户和住房协会租户这三类群体中,与更为繁荣的爱丁堡市有着相似的模式。混合地区的业主的就业率为72.4%;相比之下,贫困地区为61.0%。对于居住在当地政府房的居民而言,这两个地区的就业百分比十分相似,分别为22.1%和22.2%。而对住房协会的租房者而言,我们再次发现,生活在贫困地区的人口就业率较高(11.1%),相比之下,混合区域为0.0%。当然,这与生活在贫困地区降低了就业机会的假设相反。对于居住在私人租赁房屋的居民而言,无论在贫困地区还是混合地区,就业率为0。虽然样本中受访者数量非常少,贫困地区只有2个,混合地区只有3个。

当基于人口样本分析数据时(见图框8.1),统计分析中的随机抽样误差始终可能存在。这将意味着在该示例中,贫困地区和混合地区之间的计算差异,可能是由于选择用于研究的特定样本的性质,因而在更广泛的群体中选择样本时这种差异将不会存在。只是在偶然的情况下(因为它是一个随机样本),你选择了一个无代表性的样本。有一种方法能够估计这种情况的发生概率,即计算差异的统计显著性。业主自有、住房协会租赁和私人租赁的房屋使用权在表8.3中都被标注上了两个星号(**)号。地方当局的房屋使用权没有被那样标注。带有两个星号(**)的差异性被认为是在"5%水平上具有显著性"。在贫困地区和混合地区,居住在当地政府租房的居民就业水平差异很小,不具有统计上的显著性。有关房屋使用权的差异很可能是"抽样误差"造成的。

图框 8.1

表 8.3 的统计学意义:源于 Atkinson 和 Kintrea(2001)

我们应该如何解释这个表中的统计显著性?业主自有、住房协会和私人租赁的房屋使用权都被标注了双星号(**)。这表示其统计结果在5%水平上是显著的。在看表中的百分比时,我们可以得到这样的结果,在贫困地区和混合地区,这三类之间是存在差异的(尽管情况对于当地政府的租赁而言不是这样)。报告结果的统计显著性是相当传统的做法。5%也通常被认为是可接受的最低的显著性水平,这将被视为研究目的的"真正显著性"。

本文的一个缺陷是,不清楚显著性是如何计算出来的。本文的作者似乎用的是卡方检验,就像结构化访谈一样,在数据是"分类"的情况下,就可以使用卡方检验。这里,问题的答案可以编码为几个类别中的一个。例如,你房屋的使用权是什么? 这有以下类别:业主自有,当地政府,住房协会,私人租赁。

在本文,统计显著性意味着如果这两个区域之间的就业率没有差异,由于随机或偶然的影响,我们在报告的规模中发现差异的可能性也低。从这两个区域的居民中每抽取 100 个(假设的)随机样本,报告的规模差异仅在 5 个样本中发现。因此,将此作为风险水平,我们敢断定从特定样本中得到的结果就可能不会是由随机抽样误差造成的。地方政府的房屋使用权的百分比差异很小,不具有统计学上的显著性。这些差异可以归结于抽样误差。

基于这个证据,我们可以做出什么样的因果判断? 图 8.2 给出了一些可能存在的原因,来解释为什么一项研究的分析可能会揭示变量之间的关系。在控制三种房屋使用权的基础上,我们可以消除偶然的或者随机误差,从而可以解释贫困程度与就业之间的关系。但是在这里,要记住重要的一点,回复率 53% 的回收样本不是一个总体的随机样本,可能存在偏差。因此,这可能是存在关联的原因之一。

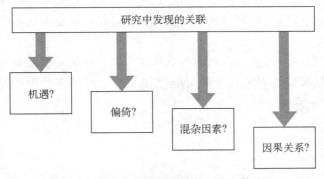

图 8.2 研究中发现关联性的一些可能原因

该分析已经控制了一些可能的混杂因素。然而,Atkinson 和 Kintrea(2001)指出了一个问题,即混合区域业主更高的就业率能作为假设的证据吗? 他们认为,作为衡量贫穷的代理变量,房屋使用权的有效性可能存在问题。这两个地区自有住房的性质可能会有所不同,因为在贫困地区,有使用权的人是相当少的,其中有部分人是根据"购买权"购买的当地政府住房。所以即使考虑到使用权的因素,该分析在两个地区之间进行的相似性比较也不会成功。而且从产权不同的房产类型的比例来看,在这两个区域之间似乎的确存在差异。例如,在贫困地区的房产中,单亲家庭的数量更多。这些通常是经济活动率低的女性户主家庭。

对于收入水平而言,如果使用权是一个糟糕的代理变量,那么在该研究案例中,我们不能得出社区的社会结构对就业有影响。两个区域之间的部分差异反映了居住在社区的人们之间的差异。但如果它是一个合理的代理变量,那么区域效应就似乎是存在的,一旦我们以这种方式控制"收入",尽管对于拥有不同房屋使用权的人(或收入团体)而言,社会阶层与更好的就业前景相关,但是对于其他人而言,就业前景就很糟糕。当然,也可能有其他因素影响社区,这些因素没有被考虑或控制在研究中。

最后,在第 6 章中我们曾提到一个标准,即假定的原因是否在结果之前出现。关于使用调查表去询问人们当前的行为或态度的典型的问题之一是,我们对变量的时间顺序知之甚少或者一无所知。与"纵向研究"相反,这被称为"横向"研究,而"纵向研究"是在一段时间内一直跟随调查某个人或家庭。通过纵向研究,可以追踪个人的就业历史,并且考察就业历史与住所变换的关系。在这项研究中,我们不知道居民当前的就业(或失业)是发生在居住这个社区之前还是之后。具有某些特征的人群在特定社区的集聚,是人们在不同地方获得住房的结果;这种聚集本身将使得失业的人会进入某些社区而不是其他社区。富人对于居住在哪里具有更多选择,因为他们比穷人承受得起的住房选择范围更大。

我们对此有一点困惑。结果还不是非常明晰。尽管一些效应与期初假设的效应相反,但是数据与邻里效应的可能性相一致。现在需要做的是(一如既往)进一步探索这一困惑。

定性分析

无论这项研究是试图描述世界的某种方面的,还是试图解释或理解某些事情发生的方式,在许多不同类型的研究中都存在定性数据。在本章的前一部分,我们提到运用结构化访谈或邮寄调查法来生成数据,一般情况下,我们能够大致预知答案的类型,提前为答案编码。但是,会存在这些情况:开放式问题没有明确的答案;采访者要求受访者在回答(或问卷)中写下答案,或者由采访者对受访者的回答进行录音。此处的数据需要解释和编码。对分析文件、叙述、话语感兴趣的研究人员需要让这些文字变得有意义。

该部分将着眼于研究人员为了使所采集到的文本有意义而采取的各种方法,以及他们是如何呈现文本的。

源自访谈的定性数据

Haughton 等人（2010）在英国和爱尔兰实施了一个庞大的项目，旨在"了解是否空间规划与权力下放相结合可以为未来的开发提供一个更适用于各种地理环境的方法"（Haughton 等，2010：6）。这个目标的背后是一个描述性研究问题："目前，这些地方为了未来的发展所采取的方法是什么？"这是一个相当开放式的研究问题，适用于以前研究较少的新课题。另外，还存在一个可能隐蔽的比较性问题："这种方法在哪些方面不同于以前的方法？"

数据的生成是基于对英国和爱尔兰地区 147 人的访谈——由于这些主要参与者或信息提供者的地位及参与过程的复杂性——他们被认为是了解发生了何事及事情发生原因的权威人士。大多数访谈都是对一两个受访者进行的半结构式访谈，研究人员进行了录音，随后转录，不过还有一些信息总结成了笔记。此外，他们还录下了分别在威尔士（Wales）和科克（Cork）举行的两场圆桌会议以及最终的总结研讨会，研讨会上邀请了所研究地区的主要受访者。

描述性分析

描述性分析所关注的问题是，是否有证据证明存在"一种不同的、更适用于各种地理环境的未来开发方法"。Haughton 等（2010：231）声称"出现了一些多种多样的实践，但可能没有我们所期盼的那么多"。他们的描述性分析中突出的一个方面是，能够应对已显露的未来发展的不同空间类型。英国和爱尔兰的某些地区已经为此开发了一些界定模糊的区域或边界"模糊"的区域，但其他地区并未这样做，而是沿用之前清楚界定了管理边界的系统。

147 次访谈、2 次圆桌会议和最终的总结研讨会为他们提供了大量的文本数据可供处理和分析。Ritchie 等人（2003）所倡导的方法将有助于实现此目的，以下将对这些方法进行讨论。作者们承认，在这样一个基于多地点、耗时长的大型访谈基础之上的课题，还需要处理同规划实施方法的变化一样复杂的主题，关于变化的判断是"从某种程度上来说是主观的，因为这是基于我们对许多不同观点的集体评估"，而且"这些判断只是对总体趋势的概括"（Haughton 等，2010：232）。他们还意识到人们可能会对他们的结论提出异议，但他们会积极对待这种结果。对于希望能够检查分析过程和数据综合评估方法的人而言，这正体现了本章开头提到的定性研究的难点。

因果分析

对于可能解释任何变化的因素，作者们提出了两个广义的假设：权力下放和改变规划思维(用"空间规划"代替"土地利用规划")。此处提及的因果分析不同于上文讨论的变量分析,存在对任何情况下都涉及的多种因素的认识。比如,他们解释说,爱尔兰的经济从 20 世纪 80 年代末直到 2008 年经济衰退,经济的快速增长带来了大量开发土地的需求。据称,快速开发土地的经验改变了公众情绪和在开发问题上的政治共识。他们将此描述成从"掌控型增长"到"管理型增长"的转变。一部分向"管理型增长"的转变体现在爱尔兰建立了一个区域系统。对于一个隐含的问题:"为什么要开发区域?",作者给出的解释是这是为了成功中标欧洲发展基金,当时,基金非常具有吸引力,而欧盟委员会(European Commission) 要求一个国家必须开发内部区域。因此,在这个实例中似乎并未涉及权力下放和改变规划思维。对于爱尔兰的区域开发,还有另一种解释,这种解释与对国家开发持变化的观点相一致,即建立区域是为了满足对区域内开发控制的区域需求。但作者认为这些地区"主要是官僚的产物"(原文 58 页)。他们的证据来自一些"注意到了该点"的访谈。他们引用了一位受访者的话:

> 所以区域认同感并不强烈……人们没有感觉到自己身处于这样一个区域中,对于区域没有概念……这个区域只讲究实用性……和机会性……在这个国家里,区域是怎样的都可以[访谈 IR17,科研人员(前当地规划师)2006](2010:59)。

他们有选择性地从一个特定的访谈中引用了此例,并以此作为证据来支持他们对于已经发生的变化的解释。(引用语中的省略号表示省略了访谈记录中的一些文本)。他们对为什么选择了特定的引文做出了解释:

> 当我们在文中直接引用资料时,一般是因为这些引文提出了独特的观点,能够有效地表达一个特别的共识或不同意见。大多数引文代表了一种与他人相同的或可以以某种其他方式三角化的观点。如果不是这样,我们就要试图找到一个更独特的见解,试图解释清楚引文是如何融入上下文中的(2010:250)。

在研究中,从访谈中发现对事件的阐述不同是很常见的,在这种情况下,如果有人旨在了解"真相",就需要运用某种方法对阐述做出判断。对于 Haughton 等人(2010)给出的说明,只要来自访谈的引文能够为其提供支持,这些说明似乎就是基于对事件的"普遍持有的观点"(即佐证),或基于一个可以"三角化"的观点。此处的"三角化"意味着存在一些其他证据的原始材料,这些证据的原始材料与受访者的说法相一致。是在两个相互矛盾的阐述之间做出选择还是承认观点的不同,仍留待研究人员决定。如果一位受访者给出的阐述与其他受访者的不同，与另一个证据的原始材料（可能是文献）也不同，那么这一观点便不会被采用。

理解社会世界

其他研究人员会进行半结构化或非结构化访谈，对其进行记录和转录，在此过程中他们不会对事件做出因果说明，而是从受访者的访谈、理解世界的方式和他们对在社会环境中发现自我获得的经历的主要看法、信念和解释中找出答案。存在这样一个假设，即人们所做的事——比如，他们在访谈中所说的话——能够很好地反映他们的想法或者当时对于采访者的问题的想法。有时，研究人员旨在描述参与者的世界观，但也可以利用这种理解来解释参与者在特定情况下的反应方式。通常，分析是从访谈记录开始进行的。这些访谈细节记录得非常详细，但是相当杂乱，这种情况尤其可能出现在非结构化访谈中，因为在这种访谈中受访者可以随心所欲地讨论问题，相当自由。管理数据作为主题分析的第一阶段，首先需要熟悉"原始数据"（通读记录）然后选定最初的主题或思想，数据会围绕此主题或思想进行组织。"这些主题或思想可能是实质性的——比如态度、行为、动机或见解——或者更具有方法论的性质，比如访谈的总体气氛、探索特定主题的难易程度"（Ritchie 等，2003：221）。随后，这些主题可以分组归入 Ritchie 等人所谓的概念框架或索引中，并在数量更少的相关主题组中分类和分组，这些主题借鉴了采访者引入的话题，但不仅限于此。这个阶段的概念可以描述为一组松散的"感性概念"（Hammersley 和 Atkinson, 1995）。

这一分析过程的逻辑始于"原始"数据，试图发现数据揭示了什么，并对其所揭示的一切持开放包容的态度。但是，鉴于第 2 章做出了一些论证，这些论证与研究人员积极选择研究主题和主题的各个方面的方法有关，所以在某种程度上，原始数据已经部分被研究议程和研究人员的问题提前概念化了。即使举行一个开放式讨论，也总要有一个议程，必须要有一个出发点。Burgess 等人（1988）说明了这一点，他们要求参与开放空间的访谈小组用一周时间讨论"我喜欢的地方"，接下来的一周时间讨论"我不喜欢的地方"。之后的一周讨论童年记忆里的地方。

主题分析的下一阶段是对文本建立索引或标记，以显示特定文本中正在关注的主题。在文本的特定部分，各种主题可能会相互交织，这可能有助于之后揭示人们心中的想法是如何相互关联的。一旦为一堆堆的文本做了标记，随后就可以依据主题将其汇集在一起。Ritchie 等人（2003）还建议创建主题图表，以便为受访者构成一个相互对照的主题矩阵。此处不是要对如何进行主题分析做出详细说明,而是要考虑研究人员如何在他们的书面研究报告中使用该分析中的证据来描述或解释事件。

Burgess 等人(1988)研究的问题是关于"城市居民的信念、价值观、态度和行为"与日常生活中的城市开放空间的关系。研究的兴趣点与自然和自然界相关(见第 2 章)。对于这个问题,我建议不仅应该描述城市居民的行为,还应该从他们的信仰、价值观和态度角度去理解此问题(解释此问题)。Burgess 等人(1988)将他们论文中的数据分成了四个大主题进行了陈述,或者,正如他们所表述的,"评价城市绿地所需关注的主要方面"是:与自然和自然界接触的乐趣;开放空间的社会和文化价值;开放空间的阴暗面;日常的实际情况。在"与自然和自然界接触的乐趣"这一主题下,作者写道:

> 所有四组中都出现的最引人注目的主题之一是深深的个人满足感,这种满足感来自个人在开放空间中体验到的感官享受:欣赏四季的变换,感受阳光、风雨,能够散步、跑步或者只是坐着和欣赏风景。开放空间的生活环境为人们提供了逃避、沉思和积极融入大自然的机会。Eltham 小组中的 Richard 描述了对他而言恢复什鲁斯伯里公园(Shrewsbury Park)的价值:

> "当我沮丧的时候,我喜欢坐着而不是散步。什鲁斯伯里公园的山顶上有一个小长凳,它看起来就像横跨在泰晤士河谷上……人们可以坐在那里,只要看看地平线,就会很开心。然后我可以走进下面的树林里看看松鼠,这使我感到放松。周围的一些野生动植物也会令我放松。这很奇妙。"(E3 1659-1665)(1988:493)

此处的引文来自一个单独个体(为了保密,他的名字已更改),研究人员会在更通用的概念框架中将此引文用作一个特定主题的证据,以分析为什么有些人可能会想要到开放空间中去,以及在开放空间中他们可能会如何表现。其中的一个原因可能是为了短暂地逃避社会。他们用这段逃避的时间思考世界,并积极地融入自然。这给当事人带来了"恢复性"影响。他们给出了其他的引文,这些引文旨在表明这种独处的、逃避的和置身于自然中的渴望在他们组中更普遍。他们给出了一个描述性的说法——此处也是个实证的概括:"各行各业的人们都喜欢与自然进行直接的感官接触,而不仅仅是那些少数敏感且有着释放自我的方法的人"(1988:460)。作者们认为这样的解释可能会挑战"有关对大自然的审美敏感性的精英主义假设"(1988:460-461)。在这段分析中,正如在许多定性分析中一样,我们没有获得所有的证据(访谈记录和对它们是如何建立索引或编码的),我们不得不相信,这些访谈确实显示出了对于自然的这种敏感和欣赏。

当然,我们对于这些案例的广泛性程度持保留态度。Burgess 和他的同事们意识到了这一点,对居住在行政区不同环境中的居民进行了一项调查。他们向居民展示了四张开放空间的彩色图片,邀请居民对图片呈现的特征发表看法。研究人员将这些对自然和开放空间的自然特征看法以表格的形式进行了归纳,以支持自己的观点。

人种学研究中的定性数据分析

正如我们在第 7 章所看到的,根据 Forester(1993)的访谈,人种学通常涉及数据生成、观察法,还可能需要参与各种社交场合的"田野"调查等各种研究方法。也可以获得或产生各种文件,包括由研究人员在实地观察时(或之后)获得或者所写的笔记(或田野笔记)。通过这些方法产生的原始数据很可能是以谈话的形式呈现的,所以,研究人员可以对我们已看到的各种数据进行定性分析。

第 6 章中所述的 Henricksen 和 Tjora(2013)的研究采用了观察法和深度访谈法。这项进行了多年的研究基本证实了 Glaser 和 Straus(1967)的扎根理论方法,说明了定性分析的迭代特性,其中的初步分析表明了进一步待提出的问题和待研究的案例。作者将他们的分析策略描述为"归纳法",他们对探究"城市街区中的社区如何形成(或不形成)"非常感兴趣。不同于某些扎根理论分析忽略现有的理论并从根本上(原始数据)发展理论,而他们的分析策略则借鉴了现有的理论和概念。他们考察了发生在一个街区的体育活动场所内的社会互动的类型。他们从这一理论入手,即正是通过这些互动,社区才得以创建、维持或改变。他们的关注点转移到了人们的"聚会"是怎样发展成专注的互动或"偶遇"的(借鉴了 Goffman 的概念,1963)。"我们的访谈和观察证实,虽然街区内的居民会发生互动,但相似的生活情景或待在同一个物理空间中('聚会')并不足以让他们'产生'社会关系"(2013:10)。产生社会关系所需要的是情境问题或他们所称的"互动的借口":"一个使得偶遇、闲聊或交谈合情合理的共同参照物或关注点,并且这基于人们在一个共同的物理空间里的偶遇或聚会"(2013:9)。例如,孩子玩耍、养宠物或常见的季节性活动都能把人们带到外面的公共空间,合情合理地谈话和互动。研究人员认为,除了互动的借口,城市街区发展的类型还取决于居民对街区中共同活动的投入程度。

这些过程解释了研究人员在特隆赫姆街区所观察到的情况,由此形成了街区类型学(见表 8.4),它不仅适用于在特隆赫姆发现的街区类型,还表现为能运用于不同城市的其他街区。

表 8.4　社区类型学

	低层次的活动	高层次的活动
高度的互动借口	偶遇群体	紧密群体
低度的互动借口	弱势群体	分歧群体

来源：Henricksen 和 Tjora(2013)

话语分析

"许多定性研究将语言视为一种理解社会的途径,因此,从受访者的回答内容,研究人员可以了解到他们是如何理解问题的。对于采用传统的谈话和话语分析方法的研究人员而言,语言本身就是一个主题"(Bryman 2008:18-19)。话语分析通过不同的理论假设被用来涵盖各种分析类型,但是,根据 Rapley 的观点(2007),大部分规划文献的关注点在于语言是如何被应用于特定的语境中,以及产生了何种"对世界的看法"。因此,文献分析是为了呈现他们对世界的看法。Foucault 的研究对文献分析类型的采用具有重要影响,但这并不意味着所有的文献分析类型都基于话语分析。例如,随着英国在规划的争论中引入了"空间规划"这个概念之后,Harris 和 Hooper(2004)通过分析威尔士议会政策文件,建立了"空间内容",其中使用了一种描述性内容分析形式,对文本建立索引或者编码以将"空间参照物"从其他类型的参照物中区分开来。此外,话语分析不仅仅用于分析文档,还可用于分析半结构化和非结构化的访谈。

Atkinson(1999)的研究重点是各种含义常常相互冲突的"社区参与"概念,这些概念来自研究改造策略的官方文件。他的观点是,"不存在真正地赋予术语含义的模式,比如合伙和授权,它们的含义是在官方拥有更大话语权和支配权的背景下构建起来的(即生产和再生产)。"(Atkinson,1999:59)语言是话语的核心元素,两者都有"意识形态色彩"。在语言的具体运用中,会存在政治和意识形态上的冲突,但语言是思想意识产生和转换的媒介。Atkinson 感兴趣的是主流话语如何定义与某项政策有关的术语:"构建一个官方认可的含义,赋予特定的个人或组织权利来决定合适的(即合法的)经营范围、组织形式、操作程序等。"(1999:61)。政策文件因此被解释成了我们应该如何定义城市问题以及我们应该做什么来解决这些问题的论据。这些解释试图创造现实而不是反映现实,试图影响组织机构的做法,比如如何开展社区参与。他分析了英国环境交通区域事务部的一份政策文件[DETR(1997)《让社区参与城市和农村社区的改造:从业人员指南》]。对于投标了单一改造预算和城市挑战方案下的改造基金的人而言,这个文件是一个指南,投标必须提供证据来证明基金的投标中存在社区参与。

---图框8.2---

话语分析范例

　　[文本缩进的部分来自英国环境交通区域事务部(DETR)(1997)《让社区参与城市和农村社区的改造:从业人员指南》。Atkinson对文本的分析没有缩进]:

　　这份指南写给所有那些参与规划和组织改造项目的人。此改造项目通常由以下代表组成的合伙人共同领导:

地方政府	社区组织
企业委员会	志愿者组织
其他法定机构	私营部门

[DoE,1995:2;DETR,1997:2]

这样的一个列表似乎包括了一切。然而,在此之前,此指南旨在从以下方面提供建议:

　　在我们的地区,该找哪些人去寻求项目建议?

　　我们如何找出这些人?

　　我们如何知道这个庄园或地区或村庄的居民想要怎样的改善?

　　在管理项目中,我们应该寻求什么样的社区参与度?

　　我们该如何激发人们的兴趣和参与度?(DoE,1995:2,重点补充;DETR,1997:2)

　　从某种意义上说,以上似乎代表了一种开放的态度,尤其是鉴于问号的频繁使用。此时,为了理解"我们"是如何构建和部署的,简要地谈谈作为语言的话语的狭义意义是很有用的。此处特别有趣的事情是代词"我们"的频繁使用。正如Johnson(1994)的说明,"我们"可以用于表达包容的意义,创建一个特定的利益共同体,尽管有人来自一个特定的权力阶级。然而,"我们"也可以同时用于表达排外的意义,排斥他人并设定界限。在这份手册里,"我们"显然是指集体——指一般意义上的参与改造的合伙人和他们加入社区的方式。由此可做出的推论是在加入社区之前,已经产生了合伙人了(这就是"我们")。

来源:Atkinson(1999:65)

　　对于这项分析,Atkinson提出:"我们需要确认为什么要编写指南;为什么提供指导;所面向的受众;哪些人应该参与其中,他们应怎样参与其中。"(1999:64)他对该文本的分析旨在表明,社区参与应该参考的依据和可以表达的各种要求和合法期望可能会受到官方话语的限制。图框 8.2 显示了他引自指南中的摘录和自己对此进行的分析,在这个案例中,他的关注点是文件中"我们"这个词的使用。Atkinson 接着提出,这表明"我们"是建立在层次意义上的,合伙人将由战略伙伴组成,随后社区只会包含在早已存在的结构化层次中。不过,官方指南是否对文档读者产生了预期的影响则是另一个问题。

我在第 3 章中讨论了城市工作小组的报告(Urban Task Force,1999),将其视作了一种论据,一种问题—解决方案话语分析(见 Gomm,2004 引自 Hoey,1983),这种论据用在规划政策讨论中以支持特定政策的提出,期间会调动各种知识使读者相信这一应对问题的政策是适当的。在 Fairclough(1995)之后,某些话语分析受到了"批判性话语分析"的影响,评论是对研究目标的批判而不是描述,揭露看似"常识性的"话语的意识形态性,揭示话语与社会结构之间的联系。Lees(2003)批评了"城市复兴"的话语,这个批评在这个文件(UTF)和随之之后的城市白皮书(UWP)中可见(DETR,2000)。如 Lees(2003:62)所言:"文本和语言都被视为话语的形式,它们有助于创造和再现社会意义。我的重点是语言和论证策略的使用——即修辞"。她"没有严格"地追随 Fairclough 的分析:

> 三维框架——文本分析、话语实践和社会实践。在文本分析中,我会仔细检查 UTF 报告和 UWP 的词汇、语法和文本结构。在话语实践方面,我考虑到了他们做出政策声明时的语境,以及这些声明是如何与其他辩论和文献联系的。最后,在社会实践方面,我关注的是将更普遍的意识形态背景和所发生的话语概念化(2003:62-63)。

她的主要论点是关于"城市复兴"的讨论忽视了一个事实,即城市工作小组希望吸引中产阶级到城市里,实际上,政府以城市复兴为幌子倡导中产阶级化。她做出了有力的论证,即虽然用政治术语宣传中产阶级化可能是一个问题,但是谁能反对"城市复兴"这样一个中性词?(不考虑社会建构,她仍然相信在一个"真实"的社会中,规划政策会产生各种影响——对工人阶级而言的消极影响)。

Clifford(2006)在研究英国媒体对规划问题的新闻报道时也使用了话语分析,这些规划问题基于《规划》中的一项当地的、区域性的和全国性的报纸的调查及新闻报道。如他的文章题目所示,他的论点是新闻在很大程度上以批评和否定的方式描述了规划,并且这种描述影响了公众理解规划体系的方式。

小结/核心观点

分析是一个研究阶段,届时你的目的是把数据变成证据,以支持和证明将成为你研究成果的论点。本书的论点是整个研究设计过程应该以做出这些结论为目的,但此处的关注点是提前思考数据生成后的阶段和完成论文的时间。

　　从这个角度来看,你将采纳的分析类型应遵循先前有关各种决策:

1. 所提出的研究问题的目的。这将影响你分析的目的:得出描述性或解释性论点。需要有不同的证据来支持这些论点。

2. 研究问题的形式:更有可能使用定性分析的方法回答开放式的、探索性的问题。数据是你分析的出发点,而且作为分析过程的一部分,需要对数据进行解释和编码。

3. 研究所选择的案例数量。在样本中有大量案例的情况下,使用定量方法是合理的。在分析前,需要判断项目中的变量和决定怎样对其进行测量和编码。

4. 所选的数据生成方法(如小组访谈与调查问卷)。这将影响数据生成的形式,即是定性数据还是定量数据。

练习:对文献中的定性分析和定量分析的评估

　　本章假设你有定量数据和定性数据的情况下,展示了如何进行分析的"尝试"。我们阅读了大量来自规划文献中描述性和解释性研究问题的分析说明方式。分析你所查找到的相关研究文献中的研究人员是如何分析解决问题的,对你的研究非常有用。这个练习要求你做这件事,并回答下列问题:

1. 作者采用了哪些分析方法? 定性分析? 定量分析?

2. 这些分析方法是你在自己的工作中可能会使用的方法吗?

3. 这些分析方法中,是否存在一些你在自己的研究中或许能纠正的缺点? (注:这可能是你未来研究的学术论证中有用的一部分)。

拓展阅读

　　研究设计中的分析是一个常常被忽略的方面。但有一个例外,实验研究、纵向研究、横向研究相关,案例研究设计的分析可参见 de Vaus D, 2001. Research Design in Social Research[M]. London:Sage.

对选择定量和定性分析的指导方针和原则的有益讨论可参见 Robson，2002. Real World Research[M]. 2nd ed. Oxford：Blackwell.

有很多书涉及数据分析的实例，一旦你处于这个过程阶段，你可能会用到这些书，但是在研究设计阶段，浏览这些书也有助于你寻找分析方法。

对于定性分析，学生可参考下列书目：

Ritchie J，Lewis J，2003. The Practice of Qualitative Research[M]. London：Sage.

Miles M B，Huberman A M，Saldana J，2014. Qualitative Data Analysis：a Methods Source Book[M]. 3rd ed. Thousand Oaks，CA：Sage.

使用非技术性方法进行定量分析的书，可参看：

Bryman A，Cramer D，2009. Quantitative Data Analysis with SPSS 14，15，16[M]. London：Routledge.

下列文献涉及了对谈话、话语、文件的分析：

Rapley T，2007. Doing Conversation，Discourse and Document Analysis[M]. London：Sage.

对所获得的样本代表性不做回应的后果，影响这一问题的严重性的因素和对这一问题可能做出的回应的清晰阐述可参见：

Gomm R，2004. Social Research Methodology[M]. Basingstoke：Palgrave Macmillan.

参考文献

Atkinson R，1999. Discourses of Partnership and Empowerment in Contemporary British Urban Regeneration[J]. Urban Studies，36（1）：59-72.

Atkinson R，Kintrea K，2001. Disentangling Area Effects：Evidence from Deprived and Non-Deprived Neighbourhoods[J]. Urban Studies，38(12)：2277-2298.

Bryman A，2008. Social Research Methods[M]. Oxford：Oxford University Press.

Burgess J，Harrison C M，Limb M，1988. People，Parks and the Urban Green：a Study of Popular Meanings and Values for Open Spaces in the City[J]. Urban Studies，25：455-473.

Clifford B，2006. Only a Town Planner Would Run a Toxic Pipe line Through a

Recreational Area: Planners and Planning in the British Press[J]. Town Planning Review, 77(4): 423-435.

DETR (Department of the Environment, Transport and the Regions), 1997. Involving Communities in Urban and Rural Regeneration: A Guide for Practitioners[Z]. Rotherham: DETR.

DETR (Department of the Environment, Transport and the Regions), 2000. Our Towns and Cities: The Future: Delivering an Urban Renaissance[Z]. London: HMSO.

Fairclough N, 1995. Critical Discourse Analysis[M]. Harlow: Longman.

Forester J, 1993. Learning From Practice Stories: the Priority of Practical judgement[M]//Fischer F, Forester J. The Argumentative Turn in Policy Analysis and Planning. Durham, NC: Duke University Press: 186-209.

Glaser B G, Strauss A L, 1967. The Discovery of Grounded Theory[M]. Chicago: Aldine.

Gomm R, 2004. Social Research Methodology[M]. Basingstoke: Palgrave Macmillan.

Hammersley M, Atkinson P, 1995. Ethnography: Principles in Practice[M]. London: Routledge.

Harris N, Hooper A, 2004. Rediscovering the "Spatial" in Public Policy and Planning: An Examination of the Spatial Content of Sectoral Policy Documents[J]. Planning Theory and Practice, 5(2): 147-169.

Haughton G, Allmendinger P, Counsell D, et al, 2010. The New Spatial Planning[M]. London: Routledge.

Henricksen I M, Tjora A, 2013. Interaction Pretext: Experiences of Community in the Urban Neighbourhood[J]. Urban Studies, 50(10): 1-14.

Hoch C, 1988. Conflict at Large: A National Survey of Planners and Political Conflict[J]. Journal of Planning Education and Research, 8: 25-34.

Hoey M, 1983. On the Surface of Discourse[M]. London: George Allen and Unwin.

Lees L, 2003. Vision of "Urban Renaissance": the Urban Task Force Report and the Urban White Paper[M]// Imrie R, Raco M. Urban Renaissance? Bristol: The Policy Press: 61-81.

Rapley T, 2007. Doing Conversation, Discourse and Document Analysis[M].

London：Sage.

Ritchie J，Spencer L，O'Connor W，2003. Carrying Out Qualitative Analysis [M]//Ritchie J，Lewis J. The Practice of Qualitative Research. London：Sage：219-262.

Urban Task Force，1999. Towards an Urban Renaissance. Final Report of the Urban Task Force，chaired by Lord Rogers of Riverside[R]. London：Spon.

9
研究伦理学

研究设计中存在什么伦理问题？

在使研究贴近实际需求的过程中,会出现什么伦理问题？学术研究员和实践之间应保持多密切的关系？

为了使研究课题符合伦理要求,你将需要考虑哪些问题？

核心概念 🔑

价值相关性;价值中立性;工具理性;价值澄清法;批判研究法;行动研究法;智慧型研究法

概述

采取恰当的方法解决研究中的伦理问题是精心设计的规划研究所需满足的最终条件。不久之前,人们还很少或根本不关注规划中的伦理问题,但今天,这种现象发生了根本变化。学生通常要考虑所提出的研究的伦理含义,并填写伦理审查表。"现在我们的大学要求涉及'人类学科'的研究要签署'伦理审查'表。如今,每当学生要求我在这一表格上签字时,我就会面临那些规划研究中有关伦理的问题。"(Goonewardena,2009:57)

研究中的伦理问题是关于基础和价值的,任何一项研究过程中做的决定都基于此基础和价值。它们是在任何情况下做正确和错误事情的道德抉择。其中,某些决定在设计和规划研究阶段便可做出,并考虑这一研究将如何发展、可能需要或必须采取哪些行动以解决这些问题。本书所讨论的研究设计决策的基础是清晰明了的伦理标准。在研究的过程中也可能不得不做出一些其他决策。虽然通过前几章的学习,你已经认识到对于是否实现这一目标观点不一,但作为一名研究人员,你将会对探寻你所调查问题的真相感兴趣。

就本章的目的而言,易于区分研究设计的两方面:研究框架和研究实践,包括数据生成过程中产生的问题。我会依次讨论这些问题。

研究框架

第2章中提到,人们普遍认为(通常与实证主义有关)科学进展的方法是仔细观察事实。研究人员的价值观在这一过程中不起作用。但是,从后实证主义的观点来看,这个立场不再成立。在研究过程的早期阶段(见 May,2001),"兴趣引领研究"(第1阶段),即作为研究人员选择的研究课题,受到你感兴趣的问题的影响(除非你的研究是由导师或赞助者指定,这对学生论文来说不太可能)。同样,我们认识到对某个话题或问题进行全面研究是不可能的。在城市土地所有权这个例子中,你所能提出的更明确的问题也是有选择性的。你研究的选择或框架将反映出你的政治利益:你认为问题是什么? 为什么你认为存在这种问题以及你认为可以采取什么措施以改善这一问题? 研究的目的、目标和设计(第2阶段)将反映出这个方向。

我们还看到(第4章),一些研究人员通过参考研究价值来论证他们的研究。Atkinson 和 Kintrea(2001)旨在证明他们对城市某些地区贫困户集中的研究具有一定价值,理由是当时政府认为这个问题很重要,因此被官方认定为一个调研课题,该选题具有民主合法性。此外,他们认为,贫困区的一些居民由于居住地而难以找到工作,而且一些居民会早亡。人们自然再次一致赞同,既然失业和早亡不是人们所希望发生的,那么人们会想要更多地了解贫困区(并可能有助于提高相关政策的有效性)。

这些考虑削弱了研究在任何绝对意义上都是无价值的观点。因此,对一些人而言,研究中的伦理重点是哪些价值观影响了课题的选择和研究框架的确立,这一过程倾向于社会中有权势的一方的观点。许多社会研究人员开始关注他们在研究过程中的"立场",并且在研究报告的论述中提到了以下一些问题,例如,为什么他们会选择调查这个特定问题(动机是什么),关于这一问题的个人经历以及这些经历和个人背景如何影响他们的研究兴趣和研究实践——见 Porter(2009)规划中的一个例子。长久以来,城市规划研究人员一直关注规划实践世界的研究方向和实践者关心的政策问题。这产生了三种模式:实践导向、纪律和批判。

学术研究人员和研究实践之间应保持多密切的关系?

实践导向模式

　　规划学者进行的研究和规划实践之间应该有何种联系,这一直存在争议。有些人提出了被 Hammersley(1995)称作"工程或政策研究模型"的观点。在一些研究活动中,大学研究人员可能会与私营公司的规划顾问竞争,或者与这些顾问进行合作,开展项目。一些研究仅涉及关于从业者所要求课题的例行调查,但从业者本身却没有时间或者不具备专业知识进行调查。因此,研究人员可能对住房需求进行标准调查,以便为支持某一地区经济适用房需求的政策提供证据支持。但通常会提出一种更具合作性模型的假设,即研究和实践之间联系非常密切,并且双方都从联系中受益(见,例如,Hambleton,2007)。从业人员对特定规划问题进行定义和制定框架,研究者为这些特定的问题进行描述和解释,有了这些信息,从业人员想出创新的方法解决问题,同时也让研究人员了解从业人员正在努力解决的问题。

　　"当规划者及其客户想知道规划、政策和行动是否可行或者已经生效时"(Healey,1991:448),这种模式中的研究者也可以实施实践评估。换言之,他们想知道他们为政策设定的宗旨和目标是否已经或者将要达到。例如,一项政府规划的目标(引自 Gilg,2005:58)是:"我们的目标是提高我们城镇和城市中每个人的生活质量,重建多数贫困社区,以使每个人都不遭受因他们所居住的地点所产生的不利影响。"另一个来自英国生物多样性框架(UK Biodiversity Framework,2012)的目标是,这个框架需要通过"规划,设计和实践"得以实现,"停止生物多样性的丧失,继续通过对物种和栖息地有针对性的行动来逆转先前的损失。"因此,重要的问题是规划政策和实践是否已经达到了这些目标,如果没有,则为什么没有,以及未来该就此做些什么?

　　行动研究是一种特定类型的实践导向型研究,该研究将政策制定阶段和循环过程评估阶段联系在一起,在循环过程中对行动后果进行评估,从过去成功或失败的行动中所汲取的教训"被纳入下一轮行动"(Stringer,1999)。当然,规划的目的有很多,评估规划所带来的实际或潜在影响的标准也数不胜数。对某一区域进行规划时,有关单位会要求研究人员以规划和政策的战略环境评估(strategic environmental assessment,SEA)的方式来考虑规划对环境或生物物理所带来的广泛影响,并将这些评估的经验教训反馈到政策流程中。以可持续发展为目的的规划系统的兴起导致了通过各种"可持续性评估"对规划的环境、社会和经济影响进行广泛评估。

大学研究人员偶尔会参与制定某一区域的规划。Balducci(2007)这样描述米兰的一个项目:在该项目中,大学相关院系的学术人员制定了战略性规划,以提高城市地区的"宜居性"或者生活质量。

对于那些提倡拉近规划研究与规划实践距离的学术研究人员来说,道德或伦理的论据是研究人员应该帮助从业人员,使实践更加有效。来自规划学校的员工和学生所做的很多规划研究不能满足从业人员的需求,研究应该与从业人员的需求"相关"并且为支持政策和实践提供证据。研究的出发点和研究课题的选择反映了从业人员的兴趣和价值观,研究设计是由从业人员面临的"实际"问题决定的。有人认为,政策研究是当前所有社会研究的一个重要组成部分(模式2研究)(Gibbons,1994)。

在行动研究这一模式中,问责制主要是为了满足实践的需求,研究传递给从业人员和决策者。这可能是一个模型,对作为学生的你来说是可能的,例如,你是半工半读,或者在一个全职课程的一段时间内,你与实践者一起从事一个"现实世界"的项目。

这样的工作可能会与他们自己关于政策理想结果的信念相冲突,这一点让一些研究人员怀疑是否应该将他们的工作如此紧密地与规划职业的政策议程和实际需求联系在一起。Taylor(2009)给出了一个研究项目的例子,该项目的目标是在绿化带或高景观价值或具有巨大生态价值的地区找到住房用地。研究人员可能会觉得如果这项研究会促进这些地区的住房发展,结果将不会符合环境或公众的长远利益,于是就出现了伦理困境。研究人员应该因为自己的信仰而放弃这个项目吗?还是他们应该接受这个项目,但是以最小化对景观和环境影响的方式实施? 也有这样一种可能,因为研究是由研究人员进行的,所以政策制定者可能会"躲藏"在研究后面,来公开证明政策的合理性。研究工作不只是提供作为从业人员政策工作投入的证据,还包括制订发展计划,就像 Balducci(2007)在意大利报告的案例,学术研究人员决定他们可以合法地确立指导特定地区规划的价值观。在米兰人们渴望从大学获得有关规划的"独立"建议,这至少在一定程度上是源于过去政治体系的腐败,"专业规划实践与复杂的政治体系密切相关,大学被看作独立体,其科学知识可以为规划政策的强化和合法化做贡献(Healey,2007)。"(Balducci,2007:533)伦理问题是"我们作为研究人员参与会比专业规划师得出更好的结果吗?"

纪律模式

有些人采用了 Hammersley(1995)所提出的"纪律模式"。根据这一观点,尽管应用可能不是很直接或具体,但还是可能会对政策和实践做出一些根本的贡献。研究人员提供了一种思考问题的方法,可能对从业人员和政策制定者有所帮助。Healey(1991)称这种观点为"规划实践研究",但通常也被称为研究与实践之间关系的"启蒙模型"。Kunzmann(2007)等研究人员认为,尽管为了了解不断变化的政治议程和权力结构、探索新的规划流程和方法,密切联系实践显得非常重要,但研究人员应该与实践保持距离。他认为这种立场避免了在政治压力下为那些本质上是政治决策的问题提供科学依据,而且这种立场允许研究人员在研究课题中采用他们自己的框架,从而对实践保持批判性观点(另见 Thomas,2005)。

对许多有着批判性导向的研究人员来说,他们在研究中采用的价值观方法与韦伯的"价值中立"概念是一致的,但在关于价值的辩论中,"价值中立"经常被用作"价值自由"的同义词。对于 Weber(1949)而言,价值中立并不意味着完全排除理论和研究中的所有价值。事实上,他竭力指出,寻求真理本身就是一种价值(参见 Hammersley,1995),而且,在定义理论的主题,以及研究中所选主题的特定方面,价值观起主要作用。作为研究人员,你可能会对社会问题感兴趣,对影响城市贫民或被排斥人群生活的因素感兴趣,这将使你选择这个课题进行调查。Weber 称这种现象为**价值相关性**。根据第 2 章中 May 提出的研究阶段,这涵盖了研究过程的第一阶段:研究的兴趣和研究课题的目的、目标和设计。但根据 Weber 的观点,除了选择研究课题、进行更详细的研究设计外,指导后续研究阶段(数据生成、数据解释)的基本价值观是对真理的追求,不管调查的结果与你期望或希望的结果是否有关。这种理想包含研究人员试图将研究的"事实"从最初激励研究人员选择主题的价值观中分离出来。任何人都很难或者不可能做出这种概念上的分离,这已成为一些辩论的主题。

合理规划过程是在政策分析的科学中发展起来的,在美国尤其如此。这种关于研究者角色的观点与关于规划师在后来被称为理性规划过程中的适当角色的观点并不矛盾。价值观在这里获得了承认。但是,顺着这种科学观点,价值观必须与事实的集合分离。正如 Healey(1997:24)所解释的那样,"价值源于政治过程……规划师作为政策分析师是帮助客户清晰地阐述目标的专家,并且将这些目标转化为可选择的策略。通过仔细分析和系统评估使目标的完成度最大化或至少'满足'目标的最低要求"。因此,在这种通常被称作工具理性的方法中,规划研究人员帮助政治家们确定了需要解决的问题(尽管规划人员没有就此表达他们自己的观点)并进行研究,或利用研究结果来建议哪些政策最有可能解决这些问题。逻辑是这样的:"如果这是问题所在,那么,我们的研究表明,你可能需要尝试这种方法。"

研究还可被用于评估当前规划政策的有效性,以完成制定政策时所设立的目标。Weber 将研究的这一角色称为"价值澄清",他认为这是研究可以在本质是政治问题的地方合法地发挥作用的第二种方式。

研究成果的发表和研究人员的问责制是针对学术界的,并反映在针对其学术同行的出版物中,或者在学生对其考官的出版物中。这是支撑学生论文定位的典型模式。

批判性模式

在 Innes、Forester 和 Flyvbjerg 等作者的作品中发现了一种更为明确的批判性实践方法,其中前两位受到 Habermas 批判理论的影响。规划中的批判性研究概念很难定义,本书就不就该问题展开探讨。批判性研究模式致力于研究先进的社会变革。Flyvbjerg 表示,很多学术研究未能通过"那又怎样?"测试。社会科学的失败在于与政策和实践脱节,因此社会科学对任何人都无关紧要。这是研究工程模型的论据之一,原因是它保证了研究的发现将与实践相关,而研究是根据政策需要而设计的。Flyvbjerg 对规划研究的重要指示包括三个部分。首先,研究人员应该处理"现实世界的问题","对我们所生活的地方、国家和全球社区群体来说重要的问题应该得到处理"(Flyvbjerg,2004:284)。其次,研究人员应该关注价值观。这与社会科学研究中反对传统的价值自由或价值中立的立场有着共鸣,既包括如何实现一系列既定目标的分析,又涉及指导政策和实践的价值观的争论。什么是符合伦理的? 最后,他主张在政策争论中学术人士应有一席之地:"有效地就研究结果与公民进行对话交流,并且仔细听取他们的反馈意见"(2004:284)。

批判性研究者写作中有一个共同特征,即批判当前的社会安排。权力关系是社会生活的关键特征,科学本身被社会权力扭曲,因此研究世界的主流研究要隐含地接受社会上存在不平等现象的现状。因此,研究人员对与之相关的问题感兴趣,例如,规划中如何解决(或者未能适当处理)性别、种族和残疾问题。

Innes(1990:33)问道:"我们如何确保被我们视为知识的东西是合理公正的? 也就是说,我们如何确保偏见和假设不会强化权力关系,知识不是压迫而是解放的工具?"Forester(1989)和 Hoch(1996)对研究规划实践感兴趣,为了改变规划师的行为,使规划实践更开放民主,而不是加强现有的权力关系。其他研究人员想用人们第一手的经历进行研究,这些人对于规划(以及许多其他问题)的观点很少被倾听,但正如 Healey(2007:242)所说,他们"知识渊博,熟知对他们重要的条件"。参与式或基于社区的参与式研究方法可能是进行研究和挖掘本地知识符合伦理的方式(Corburn,2005)。Attili(2009)在一项针对无家可归者的房屋研究中正面引用 Denzin(2003:258)的话"参与者在如何进行研究、研究什么、使用哪种方法、哪些研究发现有效且可接受,研究发现如何实施以及将来如何评估此类行为的后果这些方面具有同等发言权"。

一些批判派规划研究人员的文章存在歧义。他们应该在多大程度上推进批判的、价值驱动的方法以及遵循学科模式的价值中立方法(Flyvbjerg,2001,2004;Lo Piccolo 和 Thomas,2009)。例如,Flyvbjerg(2001)认为,大多数影响规划研究性质的规划思想学派(包括 Forester 和 Healey 的交流范式)都应该被拒绝。就权力而言,"关于规划的理性和进步承诺的理所当然的'真理'应该被对这些真理和规划的分析所取代"。他鼓励规划研究人员拥抱价值观、质疑价值理性,并就所谓的"智慧型规划研究"提出以下问题:我们的规划要走向何处? 谁将通过哪种权力机制获利或失利? 这种发展是否是人们想要的? 如果不可取的话,我们应该怎么做呢? 这似乎是对价值观在社会和政治调查中所起作用的一种激进做法,智慧型规划研究人员会对规划影响做出价值判断,并对应采取何种措施提出建议。然而,他的奥尔堡(Aalborg)案例研究似乎并不是对奥尔堡规划方法背后的价值观及其影响的质疑,而是一个相当传统的研究人员参与政策评估的例子,接受了毫无争议的市议会观点,即奥尔堡交通管理应该以"环境目标"为目标,并且评估该政策实施后,在多大程度上成功地实现了这些目标。我的结论是,根据他的案例研究中的智慧型研究来判断,这似乎是"价值澄清"的研究,尽管他确实参与了公共场合的辩论,而不是在教室里或学术期刊上(尽管据说研究人员就其研究接受当地或全国媒体的采访并不少见)。

批判模型和工程模型价值都与实践和/或与"同胞公民"关系密切。在某些情况下,他们可能被视为共同研究者而不是研究的参与者,并且对这些研究的真相负责。无论其道德伦理吸引力如何,作为学生,你们中的许多人可能会发现这种模式不是一种进行研究的实用方法。

数据的生成和分析

如上所述,现在的大学普遍设有伦理委员会,不仅仅是医学人员参与的研究,而是任何涉及人们参与的研究,都需寻求伦理方面的审批。

通常情况下,每个大学都要求有项目开题报告讨论和解决有关伦理问题,以便该开题报告得以审查和批准,从而确保其遵守伦理准则。通常你将会有一个导师,他在项目的开题过程中发挥着重要作用。这在不同级别的研究间可能有所区别。如果是本科生,你的导师可能会批准低风险的项目,也就是对参与者造成伤害的风险低的项目。研究生和博士生可能会被要求填写完整的伦理审批问卷,然后将其提交给相应的学校部门审批。

在进行研究过程中,从人类参与者中生成数据时,通常需要考虑以下列注意事项(参见 ESRC 2012 研究伦理框架):

- 参与者必须充分了解研究的目的、方法和预期用途。
- 必须尊重所提供信息的机密性。
- 必须尊重所有参与者的匿名性。
- 必须避免对参与者造成伤害(身体和心理伤害,不适或压力)。
- 必须确保研究的独立性。
- 参与研究的人员必须为自愿参与。

Homan(1991)认为,社会研究中道德伦理的文献和实践更关注研究界对共识标准的认可,以及这些标准对任何建议或实际研究的判断,而不是对支配研究的价值进行哲学性争论。

"官方"路线并非没有批评者。Greener(2011)对 ESRC 框架提出了一些问题。他认为伦理准则在为研究人员提供指导方面(当考虑各种在进行研究时他们可能的处境)是一个有价值的目标。但他认为,这些原则可能不适用于所有的情况或参与团体。或许需要特别照顾弱势群体,必须保护这些群体退出参与的权力。而且,像任何一套规则一样,它们之间可能会有冲突。Gomm(2004)也提出了这样一个观点:有时,为了弄清真相(研究的一个基本目标),可能需要进行秘密研究,因为如果公开的话,研究对象的行为会改变。在项目开始阶段获得伦理批准可能会使得研究人员随后忽略伦理考虑,或者根据指导原则进行"伦理"操作,但这些操作并不正确。两者都是错误的:应该在整个过程中考虑伦理问题,你应该做你认为是正确的事情而不是"合乎伦理"的事情。像 Attili(2009)这样在规划中受到批判性传统影响的批评家也提出了类似的观点。

当社会研究中的伦理规范重点关注在任何研究中对参与者的潜在伤害时,也应考虑对研究人员自身的潜在危害或风险。尽管大多数规划研究可能在无危险的情况下进行,但这可能涉及身体上的风险。但研究人员可能会受到情感和心理伤害(Lee-Treweek 和 Linkogle,2000)。

小结/核心观点

1. 正如我之前所说,伦理决定是在任何情况下对正确和错误所做出的道德层面的决定。这是判断研究设计的所有决定的关键标准。因此,这并不是研究设计过程中的一个独立阶段,尽管在进行研究设计之后,你可能会被要求为你提议的项目申请伦理审批。

2. 正如在第 2 章中所看到,研究的框架和研究问题的提出方式可能会对项目出现的那些建议产生政治影响,而这种框架可能已被采纳,用于明确的政治目的。对规划的伦理道德问题存在很多讨论,就学术界和规划专业实践的联系也存在很多讨论,这种联系的特征更多地体现在二者之间的"差距"。然而,近几年来,包括规划研究人员在内的所有社会研究人员都被要求对政策和实践做出更直接的贡献。正如我们在第 4 章中看到的那样,在已发表的论文中,对进行研究的实践论证是很常见的。

3. 与实践之间的密切关系,正如不同外观中的工程模式所显示,对于多数规划专业的学生而言是不可能的,尽管你们中的一些人可能是实习和学习兼顾的兼职学生。其他全日制学生也许会短时间被安置在一个地方,写一个实践报告,以及能利用这个机会基于实践确定一个毕业论文的选题。

4. 这个关键模型,如工程模型,重视与实践的紧密结合,但是也与"市民"密切相关,这对于多数学生而言也许是不可行的,除非你有机会将此作为你的课程的一个部分,就相关问题与地方群体一同探讨。

5. 你们大多数人由此可能采用某种学科模型,其中的研究主题的选择是基于其价值相关性、现实世界意义,但是其中的政策含义被看作有助于政策的学术讨论,而不是能够立即被应用的。

6. 教职人员和学生需要更加具体地思考研究设计阶段的伦理,如此未来也许能看到对于伦理问题更加关注。但是,也有可能是,伦理指导方针和伦理问卷的存在会导致研究中伦理思考所谓的"选项打钩"心态。

7. 在对于参与者需求的关注中,你不能忽略了对你自身安全的考虑。

练习:研究伦理的 ESRC 框架

　　下载研究伦理的 ESRC 框架,思考其中的原则,以及你的项目如何满足这些要求。你们学院的规定可能是严格参照 ESRC 模型的。你的导师一般需要确认,这些原则都已经被考虑在内,以及你的毕业论文的研究将包含满足这些要求的步骤。但是,不同的学院的具体要求不同。你应该与你的导师讨论,并检查你拟进行的研究是否对你的身体或者情感幸福造成了威胁。

拓展阅读

规划研究中的伦理学的核心参考书是：Lo Piccolo F，Thomas H，2009. Ethics and Planning Research[M]. Farnham：Ashgate.

研究者在书中的一些章节思考了规划研究实践中的一些伦理问题。

Lee-Treweek G，Linkogle S，2000. Danger in the Field：Risk and Ethics in Social Research[M]. London：Routledge.

Hammersley，2000. Taking Sides in Social Research [M]. Abingdon：Routledge.

参考文献

Atkinson R，Kintrea K，2001. Disentangling Area Effects：Evidence From Deprived and Non-Deprived Neighbourhoods[J]. Urban Studies，38(12)：2277-2298.

Attili G，2009. Ethical Awareness in Advocacy Planning Research[M]//Lo Piccolo F，Thomas H，2009. Ethics and Planning Research. Farnham：Ashgate：207-218.

Balducci A，2007. "A View From Italy"，in A. Balducci and L. Bertolini(eds) Reflecting on Practice or Reflecting with Practice? [J]. Planning Theory & Practice，8(4)：532-555.

Corburn J，2005. Street Science：Community Knowledge and Environmental Health Justice[M]. Cambridge，MA：MIT Press.

Denzin N K，2003. Performance Ethnography：Critical Pedagogy and the Politics of Culture[M]. Thousand Oaks，CA：Sage.

ESRC，2012. Framework for Research Ethics (FRE)[R]. Swindon：Economic and Social Research Council.

Flyvbjerg B，2001. Making Social Science Matter[M]. Cambridge：Cambridge University Press.

Flyvbjerg B，2004. Phronetic Planning Research：Theoretical and Methodological Reflections[J]. Planning Theory & Practice，5(3)：283-306.

Forester J，1989. Planning in the Face of Power[M]. London：University of

California Press.

Gibbons M, 1994. The New Production of Knowledge[M]. London: Sage.

Gilg A W, 2005. Planning in Britain[M]. London: Sage.

Gomm R, 2004. Social Research Methodology[M]. Basingstoke: Palgrave Macmillan.

Goonewardena K, 2009. Planning Research, Ethical Conduct and Radical Politics[M]//Lo Piccolo F, Thomas H. Ethics and Planning Research. Farnham: Ashgate: 57-70.

Greener I, 2011. Designing Social Research[M]. London: Sage.

Hambleton R, 2007. The Triangle of Engaged Scholarship [J]. Planning Theory & Practice, 8(4): 549-553.

Hammersley M, 1995. The Politics of Social Research[M]. London: Sage.

Healey P, 1991. Researching Planning Practice[J]. Town Planning Review, 62 (4): 447-459.

Healey P, 1997. Collaborative Planning[M]. London: Macmillan.

Healey P, 2007. Urban Complexity and Spatial Strategies. London: Routledge.

Hoch C, 1996. A Pragmatic Inquiry about Planning and Power[R]//Seymour J, Mandelbaum L, Burchell R. Explorations in Planning Theory. New Brunswick, NJ: Research Center for Urban Policy Research: 30-44.

Homan R, 1991. The Ethics of Social Research[M]. London: Longman.

Innes J S, 1990. Knowledge and Public Policy: The Search for Meaningful Indicators[M]. New Brunswick, NJ: Transaction Books.

Joint Nature Conservation Council and Defra(on behalf of the Four Countries' Biodiversity Group), 2012. UK Post-2010 Biodiversity Framework July 2012[R]. Peterborough: JNCC.

Kunzmann K, 2007. "More Courage to Stem the Tide: Academia and Professional Planning Practice in Germany", in Balducci A, Bertolini L (eds). "Reflecting on Practice or Reflecting with Practice?"[J]. Planning Theory & Practice, 8(4): 545-554.

Lee-Treweek G, Linkogle S, 2000. Danger in the Field: Risk and Ethics in Social Research[M]. London: Routledge.

Lo Piccolo F, Thomas H, 2009. Ethics and Planning Research[M]. Farnham: Ashgate.

May T, 2001. Social Research [M]. 3rd ed. Buckingham: Open University

Press.

Porter L，2009. On Having Imperial Eyes［M］//Lo Piccolo F，Thomas H. Ethics and Planning Research. Farnham：Ashgate：219-232.

Stringer E T，1999. Action Research［M］. 3d ed. Thousand Oaks，CA：Sage.

Taylor N，2009 Consequentialism and the Ethics of Planning Research［M］//Lo Piccolo F，Thomas H. Ethics and Planning Research. Farnham：Ashgate：13-28.

Thomas H，2005. Pressures，Purpose and Collegiality in UK Planning Education［J］. Planning Theory and Practice，6(2)：238-247.

Weber M，1949. The Methodology of Social Sciences［M］. New York：Free Press.

10

城市规划跨国比较研究

—— 核心问题 ——

什么是跨国比较研究？其目的是什么？

研究人员调查的目的和问题是什么？

这些研究问题存在哪些论据？

回答问题的恰当逻辑是什么？

有什么样的数据生成方法？

数据是如何分析的？

这一研究涉及哪些伦理问题？

核心概念 🔑

跨国比较研究；政策转移；最大相似性原则；焦点的最大离散性法则

概述

近年来，英国学生有了更多机会去探寻英国与欧洲其他地区践行规划方式的差异，这些机会包括国际比较规划课程、短期海外实地考察以及海外规划院校交换生项目。交流期间，交换生需要在海外度过一个学期或更长的时间，参加跨国讲习班和研讨会（来自不同国家的学生群体针对社会共同关心的问题发表演讲）。这些探寻英国与欧洲其他地区践行规划方式差异的活动大多需要学生对所学内容进行反馈，因此能够充分激发部分学生的灵感，撰写具有比较维度的论文。在英国，与出国留学发展势头并行的是赴英留学生数量的不断增长，部分海外留学生也需要撰写论文。本章根据已认证的比较研究学者的决策和研究实践，重点解决相关研究设计问题，包括本书前几章展开过讨论的问题。

何为城市规划的跨国比较研究?

Masser 和 Williams(1986)对国外的规划研究与比较规划研究进行了区分,发现了这两类研究的本质区别在于,比较规划研究是鉴于两个或多个国家规划活动进行跨国性的比较。

Masser(1986)表示,人们普遍认同跨国比较规划研究没有明确的领域划分。跨国比较规划项目与整体规划项目的不同点仅仅在于其跨国性。本国进行规划研究的人员展开跨国规划研究可以源于任何主题,包括住房、零售、经济发展、城市区域治理、城市改造(或城市再生)等。要注意的是,每个国家对规划负责或对规划施加影响的机构不同,因此在不同国家研究规划的背景也不尽相同。综上,跨国规划研究指的是"在一定制度背景下,不同国家规划性问题的研究及其实践"(Masser,1984,引自 Masser,1986:12)。这与 Bendix 给出的定义一致(1963:532)(引自 de Vaus,2008):比较研究试图在同一时间和空间点上,对所有社会的真实情况和一个社会的真实水平之间形成概念和找出一般特征。

跨国比较研究的目的是什么?最近出版的一本书中,汇集了英国和法国各类规划项目的跨国比较研究。书中,Breuillard 和 Fraser(2007)引用了 Faludi 和 Hamnett(1975)的三个一般性目的:发展规划理论,改进规划实践,协调规划系统。在规划理论的发展方面,Masser 认为跨国性比较方法的贡献就在于对规划理论的发展,该理论在"各个国家与文化千差万别"和"所有国家在本质上并无区别"两种观念之间飘忽不定,或者如 de Vaus(2008:251)指出的,"社会现象在多大程度上由一般规范形成,又在多大程度上受特别因素影响,如特定时间、特定地点和特定文化,这些原本出现就带有其特殊性的因素"。

在平衡规划中的一系列着力点上存在争议。近期,人们意识到社会生活多样化视角愈加普遍,因此,全社会将注意力集中到规划本身(Sanyal,2005)以及什么是规划问题上来(Sandercock,1998)。极端相对主义在解释这一观点时,可能会认为在不同地方参与规划管理与发展的人生活在"不同的世界",互相之间没有任何交流。但是,另一方面,在规划理论(合理规划和联络性规划)中一直存在一种传统说法,即(本体论)认为由于地区和国家因素,规划"毫无疑问属于一种没有明显地域区分的全球活动"(Huxley 和 Yiftachel,2000:336)。尽管对城市规划运作具有重要影响的是各国国情,但持中立观点的人依旧看到了各国(有关规划)文化之间互相交流的可能性(Watson,2003)。

在比较研究课题中,Breuillard 和 Fraser 提出的最后两个目标指向了比较研究中的惯常评估的方面,即希望通过各方面的评估判断国外展开的规划工作是否能改进国内规划的实践。他们的想法也引发了学者就政策理念移植的范围以及移植过程中可能存在的障碍进行讨论。原则上说,这一研究能够帮助鉴定出另一个国家中哪些是(有关规划的)"优良实践",继而广泛应用到英国。但也有人对这一研究是否具备"值得学习的经验"持怀疑态度(Cullingworth,1993),毕竟,每个国家的"政治形势"有所不同。此处的一般性研究可以通过外部效度的概念提出(见第6章)。我们可以从已经研究过的案例中归纳出这一点吗? 人们无法确保一种看似在某个国家(x)起作用的因果机制在另一个国家(y)能够同样有效。

我认为,规划系统的协调一致虽然不是全人类的共同愿景,但是借鉴国外"优良实践"往往会引导不同国家规划的发展向一个方向靠拢。鉴于欧盟对欧洲规划体系产生了影响,因此当前有关规划系统协调一致的争论此起彼伏。本章所提到的文献主要涉及欧洲一些国家的跨国性研究,将两个国家规划体系的各个方面进行了比较(Booth 等,2007;Farthing,2008)。相比将各个国家作为案例来比较,近期很多研究工作更倾向于对欧洲不同国家的规划案例进行比较。例如,Herrschel 和 Newman(2002)都对德国和英国样板城市区域的性质和运作颇感兴趣。

研究的目的和研究的问题

在比较研究中,有一系列描述性和解释性的目的,并且当"是什么"和"为什么"这样的问题在一个国家之内展开讨论时,这两个问题与比较研究之间更显示有可比较性。通常,也有一些零碎的研究想要试图回答这两个问题。

描述性问题

Couch 等人(2003)的目标对研究欧洲城市中的城镇改造具有描述性和解释性。他们的描述性目标是为"欧洲众多城市中存在的城镇改造问题和政策提供一份全面又有远见的指导",而编者则在不同情况下考察城市改造过程中的异同(见本文第4页)。

很多比较研究自称是探索性研究,这多半是因为其作者认为各国并无很多政策证据。而另一原因,自 20 世纪 80 年代(Masser 和 Williams,1986)以及最近,在 21 世纪(Knieling 和 Othengrafen,2009)研究文献中一个有力的主题,即"制度背景"。这意味着我们要着眼于理解各国"规划文化"之间存在的差异,同时重视这样做所面临的困难。Booth(1996:vii)指出,在 20 世纪 80 年代早期,他理解法国规划时所面临的困难:"为了可以将它简要地介绍给我的学生,我曾尝试努力理清法国规划中的复杂性。为此,我努力地进行了研究。有关研究我所能找到的法国资料和现存为数不多的英国资料,似乎都是基于不太能让我信服的假设基础上。出于好奇,我做了进一步的研究。"Sharpe(1975：26-27)提出了一种更加普遍的"本体论"观点,即"各国确实存在很大的差异",并且,他还指出"在比较不同国家的公共政策以及该政策实施的机制过程中,仍然存在极大的困难"。

这种凸显文化重要性的观点表明,要理解异于本国的规划(思想),我们需要弄清楚那些从事有关规划体系工作并与之相互影响的人是如何理解和解释规划的。例如,专注于研究英国和法国如何掌控其规划发展的 Booth(1996：2)表示"英国和法国在理解国家的性质、行政管理的性质和目的上具有本质上的不同。他还提出,应扩展规划控制的实践方式。英国所沿用的"城镇和乡村规划"理念,从规划植根于一系列制度和某一历史的特定角度来看,这一理念决定了英国规划人员(以及像上文提及的学者 Booth)如何看待规划。这一理念不同于法国规划中推行的领土管理理念。

从这一观点,我们可以得出这样的结论:研究外国规划体系而不引进比较元素是一项十分具有挑战性的任务。此处研究的目的基本上是描述性的。Cropper(1986)指出,在这些研究中,人种学报告的目的可能是为了尽可能真实地呈现规划经验,以及对地方规划产生怀疑的人员的经验。这将是人们了解该地区的规划,了解工作者如何以及为什么在该地区以这种方式行事。但这其中存在一种现实的维度(或实际的层面):语言是反映社会现实的一个关键机制,那么,一个将要展开规划研究的国家,其研究人员要对这个国家的语言掌握到何种程度才可以(参见第 8 章关于话语的讨论)。

根据这一论点的逻辑,若要了解其他国家"规划"如何运作,与只局限于他们本国规划研究相比,从事研究学习规划文化的比较研究者在这一方面需要花费相当长的时间。资深的研究人员可能会享受到这一成果,但学生则可能没有同样的机会。甚至对于博士生来说也不陌生,其花了三年专职科研时间试图完成跨国规划研究项目,但后来放弃了对其中一个国家展开研究。

这些困难促使 Sharpe(1975)提出了一种适用于任何一种比较研究的经验法则,即"焦点的最大离散性法则"。近期,这一法则改变了两个国家的规划体系(荷兰和英国),这意味着我们应摒弃以规划比较为目的的研究项目,并更加关注像 Williams(1986)等提出的案例,即"高速公路规划和审批程序"。Williams 甚至对"城市改造"这样的规划研究项目提出警告,因为就完成一项研究而言,这一研究在很多层面都有可能将其危害蔓延。Davies(1980)和 Eversley(1978)也提出了这一论断。我在对布里斯托尔(英国)和普瓦捷(法国)城市边缘住宅开发的研究中也遵循这一论断(Farthing,2001)。

解释性问题

比较研究中的解释是对"为什么"这样的问题做出回答,这些回答不仅将各国的共同因素结合起来,而且还包括各国的具体因素、体制和行政因素。Couch等人(2003)意识到了欧洲不同国家和城市体制背景的复杂性,以及可能与城市复兴中新经济活动有关的各种组织。这就是为什么人们利用当地专家对一些城市进行考察的原因之一,因为当地专家可以从内部了解一个地区的体制背景,从而减少英国研究团队亲自去考察这一问题的必要性。Couch等人(2003:4)关于欧洲城市复兴政策和实践的解释性目标是:检测在不同情况下城市复兴过程中的异同并围绕这一过程的核心层面得出结论。因此,像地理位置、区域经济条件、先前土地利用模式、建筑形式以及当地土地市场的性质、行政结构、干预工具和机制等因素,在城市复兴及其结果的地方差异方面显示出重要作用。

当然,你如果正在写一篇论文,通常不会采用这种方法,也不允许找一个外部专家为你写这篇论文。

研究问题的论证

在第4章中,我们可以看到规划学者通常通过两方面来论证他们发表的研究成果:实用性和学术性。关于这一点,以上概述的跨国研究的一般目的和理由之一在于,该研究会让我们吸取一些良好的实践经验。

学术研究的论证可能是一个还未得到回答的有趣问题,或是尚未涉足的研究领域,抑或是人们试图回答但尚未得出满意答案的问题。文献综述也证实了上述论点,即在研究解决这一问题层面上存在空白,或通过综述得出的文献具有一定的局限性,这就意味着有必要对其进行深入的研究。

谈到跨国研究,这一论点同样适用。确定先前研究人员所做出的主张和结论十分重要,但要做到这一点可能会存在困难。Booth(1996)指出关于法国规划的英文资料十分匮乏,所能获取的法文资料同样屈指可数。从那时起,规划工作的产出大幅度增长。由于种种原因,这类文章多在英语期刊上发表。大量关于特定国家的规划研究文献是用其他语言写成的,所以为了阅读这些文献,你需要具备一些语言技能。

在英国发表的规划研究成果也可以促进比较研究。比方说,如果有一项关于在英国拟定地方发展规划的研究,那么,该研究可以作为与另一国家制定本地规划比较的基础。虽然Wilson(1983)在对法国当地规划的研究中,只考察了本国四个部门中拟定的地方规划小组,而没有对英国做同等的研究,但他的研究实际上就属于跨国比较研究。基于对英国规划体系的理解,有研究者对法国当地规划进行研究,清晰地对比了这两个国家参与规划过程的性质。

解答研究问题的恰当逻辑

案例和抽样

在具有描述性和解释性目标的设计研究中,出现了"什么是人口?"的问题,也就是说,你将通过对所选择的案例进行研究来描述最广泛的潜在案例。出于实际原因,任何一个小规模的论文研究很可能必须用到第 5 章中所述的"非概率便捷抽样法",换言之,很多国家的一个或多个可获得的案例中,你的研究碰巧涉及或是与此存在着联系。Healey 等富有经验的学者也遵循这一抽样实践法,她在欧洲三个城市地区空间战略制定研究中表示:深入定性研究的案例一直属于更加实际的研究问题而非系统性选择标准的产物(2007:291)。Healey 还指出:"选择的三个案例非常多样化,它们不应该被视作任何意义上的'样本'或'良好实践'的范例。这些案例仅仅是城市或城市区域在空间战略制定上所做出努力的例子罢了"(2007:32)。你必须承认,你所研究的案例可能无法代表它们所处的国家或任何更广泛的人民利益,并且与概率抽样相关的经验概括是不恰当的。

正如我们在第 6 章所看到的那样,提出一种因果关系的论断,就是提出一个关于当满足因果条件时会发生什么的普遍论断。但是在社会研究的大环境下(Flyvbjerg,2001),最好的理论可能仅适用于某些特定的历史时期,以及社会历史背景状况相近的地方。因此,这一理论适用的人群范围受到了时间和空间上的限制。一直以来,社会存在一种十分具有影响力的因果理论,该理论促使英国从事比较规划研究的研究者对欧洲规划产生了兴趣。这一理论认为,欧洲一体化进程已经导致城市空间规划议程的改变,具体表现在从城市管理主义变成城市创业主义,以吸引企业创业和人们就业。这一转变的一部分还伴随着体制变革,即从包罗万象的城市当局(政府)到公私部门合营(治理)。该理论的第一部分内容表明,欧洲一体化(即从 20 世纪 70 年代到 21 世纪期间建立起来的单一欧洲市场)已经对城市(和城市地区)的政策目标从专注于为当地居民提供服务转变成着眼于吸纳就业和企业创业。与此同时,这一目标转变还伴随着体制的变革,使私立部门合营者在制定和执行政策方面变得更加突出。因果理论可能含有"种族优越感",因为该理论认为,过去 40 年左右在英国发生过的事件已经或正在欧洲各个地方上演。但这只是一种试验性的理论,它所适用的(总体)范围是指欧盟内的所有城市和城市地区。如果研究的目标是描述性的,那么,案例中小范围的抽样调查则可能对研究造成困扰,此时,研究者可能会对经验概括产生兴趣,在这种情况下,由于这一理论旨在适用于所有这些案例,研究欧洲任一城市地区的趋势,检查政策目标和制度框架的研究趋势原则上都可以证明这一理论的不真实性(见第6章关于理论的证伪)。

在对各个国家进行比较时,Sharpe(1975:28)提出了"最大相似性准则",目的是尽可能地确保在任何比较研究中,人们都能根据现有证据进行相似性比较研究。"通过这种方式,我们可以将需要进行比较的数据最少化。"如果是要比较不同城市地区的性质和运作方式,假设城市地区的性质和运作方式受到以下因素的影响:(a)国内各区域宪法的规定;(b)该地区城市聚落的性质。因此,选择德国和英国作为课题进行比较是有研究价值的。对比两国,研究期待比较的数据不同,而研究期待不变的数据(可能影响城市地区的性质和运作方式的"其他因素",如国家的总体经济发展水平、国家民主的本质,以及欧盟对政策和实践的影响)则相同(Herrschel和Newman,2002)。当然,研究对象的单一也限制了人们对研究结果的认同感。另一个严格限制认同感的是欧洲跨国研究中的大众兴趣,选择德国和英国作为课题是一项由Couch等人(2003)开展的研究,已在上文介绍过。Couch等人感兴趣的是如何区分有开发空间的地区和没有开发价值的地区,以及两种地区间出现差异的原因。然而,他们的理论所能推及的案例人群仅限于符合特定标准的人群。首先,限定案例人口于"公认在经济发展、城市化和经济结构调整经验方面大致相似"的欧洲国家(2003:14)(英国、荷兰、比利时、德国、法国和意大利)。所有这些国家都被称之为"繁荣的工业化国家"。在这些国家中,Couch等人感兴趣的是:大到足以成为区域中心却不是首都的大都市;经历过大规模重建的大都市;以及具有典型地方特色的大都市,且这些地方特色占据城市中举足轻重的地位。然而,他们选择的八个城市样本是便捷抽样,我们对这些城市有事前了解,与这些地方有相对频繁的学术交流(2003:14-15)。他们用实例来归纳如何区分出有开发价值的城市。

数据生成方法

访谈和问卷调查

比较研究者感兴趣的是研究规划活动的具体案例,如:制定城市区域空间战略的事例(Healey,2007),城市改造问题和政策(Couch等,2003),"战略性城市项目框架"(Salet和Gualini,2007)。继Masser提出要以实践指导研究后,研究人员踊跃将自己的研究称为"案例研究",且一般会运用一系列定性的方法证实研究的可信度,理解不同国家的规划文化不简单,获取现行的规划活动也很难,更不用说是了解过去的案例(如空间战略决策的案例),如果有人掌握特定国家的相关知识,能够汇报过去发生的事情以及事件发生缘由,那么他就是重要的信息来源,是解决困难的关键。原则上说,面对面采访或调查问卷这些结构化的提问方式是可取的,但是比较研究者调查的对象往往是参与相关案例的从业人员,还有在当地大学从事学术研究的专家,所以调查就变得很复杂。有时实践者也会与学者合作,有时实践者就是学者自己。在 Healey(2007)自己的三个案例研究中,大概有一半的"讨论"是 Healey 与学者合作或作为学者兼实践者的身份进行的。观察对所有案例中的细节和连锁事件的采访,我们发现,相关人员的讲述并不客观,常带有个人的主观色彩,而采访中人们只能靠相关人员的讲述做判断,根本无法直接观察。因此,以这种方式生成的数据报告的可靠性常受到质疑。这些报告固然揭示了空间策略制定过程中"真实"发生的事件,但让 Healey(2007)感兴趣的是制定过程对所有人包括研究者完全透明化的方式。因此,如果能够事先确定关键线人的身份,并且存在对他们进行访谈的可能性,那么这种访谈似乎是一种非常有用的数据生成方法。

人种学与观察法

我们已经看到,如果考虑用人种学的方法生成规划活动的数据,在选择研究环境和确定研究时间方面,存在实际操作层面的问题。Wilson(1983)的研究涉及法国城市规划中国家与地方的关系,她通过协商获得了进入正式的工作组会议的机会,地方计划正是在这些会议中由四个部门制定的。会议不向公众开放。Wilson 会说流利的法语,注重观察各工作组工作的异同点。我们已经看到,如果考虑用人种学的方法生成规划活动的数据,在可供研究的环境和调查允许的时间上存在一些实际问题。Wilson(1983)的研究涉及法国城市规划中国家与地方的关系,她通过协商获得了进入正式的工作组会议的机会,地方计划正是在这些会议中由四个部门制定的,会议不向公众开放。由于会说流利的法语,她观察了工作组的工作,来自地方和中央政府的参与者们集中在现场的"自然环境"中一起工作。据推测,她的出现并没有对会议进行的方式产生重大影响。这样的观察在时间上是有选择性的,因为地方规划的制定需要一些(大量)时间来完成,而且她只有在法国的时候才能去观察,因此观察到的只是会议进程的特定阶段中的行为。他们对会议之外的行为也是有选择性的。她认为,有许多重要的讨论和协议都是在非正式会议上达成的,而这些会议并不在她的观察范围之内。

在比较研究中,学生在国外学习规划遇到的信息获取问题似乎比在国内学习规划的学生还要突出。这些困难可以通过与相关国家规划促进者的接触来减少。这些促进者能够打开获取地区信息的渠道,但是进行这种类型的研究时间受限,而且理解不同国家的规划语言的困难仍然是许多学生研究者的障碍。

文本文献

各种类型的文献在规划研究中具有重要作用,在比较研究中也同样如此。与英国不同,在许多国家,法律和宪法在界定规划的性质和范围方面发挥着重要作用。同时,法律对制定程序规则也非常重要。为了确保过程有效、避免那些对结果持反对意见的人提出诉讼,必须遵守这些程序规则。对这些问题的理解是规划比较研究的重要内容。随着越来越多的英文文献的出现,阅读外语文献的能力要求或许正在逐渐降低。

各国规划研究的英文成果,显然都将成为可供参考的重要文献。例如,Healey(2007)对阿姆斯特丹的空间战略制定过程的描述,很显然很大程度上借鉴了两种文献资源。第一个是官方计划。第二个是荷兰学者的文章和论文,他们通常用英文发表。当然,Healey 依赖文献资源的这种印象得以加深,在一定程度上是因为她决定在文本中不直接参考她的"对话式讨论",因为她说,"书与学术研究论文不太一样",在学术论文中,"作者必须明确自己的研究方法"(2007:293)。此外,她决定不仅要写出空间战略制定的最新事件,还要深入研究过去,因为她认识到,过去对现在的影响很大,"如果不认识到当前政策辩论中的词汇、侧重点和含义与过去的话语产生的共鸣及其价值,就很难对它们有深入理解"(2007:293)。同样,这项工作也需要依赖文献。

在其他研究中,当地的学者或参与者不一定会接受采访,但会被邀请撰写他们所知道的关于使用一些常见标题集或 Couch 等人(2003)所描述的"模板"的案例说明。这些文献必须由科研带头人来阐述。

官方统计

如今,通过欧盟统计局获取欧洲各国的官方统计数据几乎没有困难,但是要想以研究人员所倾向的方式借助这些官方统计数据,对欧洲国家之间或次国家区域和城市进行比较,仍然存在相当大的困难(Couch 等,2011:7)。这些统计数据"在有效性、术语定义、数据收集周期和方法、汇总程度和阐释的问题等方面"存在差异。Carrière 等人(2007)在研究英国和法国乡村地区城镇问题时,指出了英国和法国对"农村"的不同定义。这一定义与两国的社会、经济和政治历史以及农村问题的不同国情有关。这些不同的背景决定了农村城镇问题的研究方法,并对每个国家所采用的统计定义产生了影响,因此很难对两国小城镇的表现以及它们所面临问题的性质进行系统的比较(2007:120)。这些评论凸显了官方统计数据是如何作为具体证据表明不同国家的政府看待他们眼中的世界，或是看待这些数据所表现的真实状况的方式。

分析

对研究所产生的数据进行分析，就是研究者回答研究问题，从而对研究状况和案例做出描述性或解释性的陈述。这里引用的所有比较研究案例都采用了数据生成方法，生成定性的数据。

近来，许多规划比较研究都会通过描述性和阐述性的目标，反映研究问题。长期以来比较研究遭受的一种批评就是，它们永远无法超越描述性阶段，也没能解释清楚研究中描述的异同点（Masser，1986）。这也表明比较研究的另一个困境，而且对其他国家的对比研究相较本国而言，存在更大的困难。

第 6 章讨论的是在解释论题时，如何分析数据，研究者是否对因果分析和理解各种因素参与描述他们所面对的境况感兴趣，他们的动机是什么以及他们如何应对这些情况。对于那些有兴趣从研究案例的描述中归纳地解释案例之间相似性和差异性所产生原因的人而言，研究设计的各个方面都存在困难。在某些情况下，比较研究中的案例研究数量庞大。有时候可能是出于渴望得出囊括整个欧洲的代表性案例样本，也可能是为了得出包括欧洲南北部和东西部分区的案例。另一个原因可能是因为一个大样本（一种受统计分析思想影响的"大 N"方法）被看作为欧洲规划的泛化提供了一个更"坚实"的基础。例如，Salet 等人（2002）研究战略空间视角在协调大都市区域内公共和私人行动时，对 19 个案例中的都市地区进行了分析（不可否认，19 个从统计角度来说并不算大样本）。除此之外，还详细介绍了每个相关地点的特殊情况。这些案例由不同的研究人员同时进行研究，因此他们没有机会通过使用扎根理论方法（见第 8 章）开展分析，在这种方法中，研究案例的早期结果可以影响后期数据的生成和分析。这种研究设计的局限性在将来明显是可以避免的，同时我们可以从更多成功的研究中汲取经验。

Couch 等人的研究（2003）通过处理一个较小的案例样本（8 个），并预先制定一个数据生成的概念框架，更容易归纳出影响城市再生方式差异以及这些努力是否成功的因素。在考虑因果关系时，他们引用了 Masser 的方法："首先有必要循序渐进地对每个案例做出充分解释，然后再对几个不同的案例结果进行评估，接着总结出与这一现象相关的普遍解释"（Masser，1986：15；引自 Couch 等人，2003）。在这过程中，他们试图寻找一种因素与城市再生的本质之间的关联或链接。这里把比较研究遵循的逻辑描述为差分法（de Vaus，2008）。其目的是找出城市再生"成功"和"不成功"时总是存在的一个因素。这涉及对被分析的案例是否成功的判断,而且取决于仅存在一种因素,其变化方式与"成功的"再生方式相同。如上文所述,他们进行的阐释以及从这些案例中得出的理论概括仅限于特定类型的城市。Farthing(2008)研究了两个采用城市区域治理模式的国家(法国和英国),并提问为什么这两个国家采用的治理模式会出现不同的形式。

有一些研究案例对理解不同地方的规划文化表现出了兴趣。据我所知,还没有哪位研究人员用英语发表过任何跨国研究,比较两个不同国家规划者的"世界观"或"虚拟世界"。在 Sanyal(2005)出版的作品集和 Knieling 和 Othengrafen(2009)出版的作品中,有一些关于不同国家规划文化的描述。这些文章中有一些并没有明确的比较,虽然描述的重点通常是强调与其他地方的不同之处。Tynkkynen(2009)根据 14 个专题访谈研究了俄罗斯圣彼得堡的规划文化,讲述规划者之所以这样设计的原因。然而,这项研究的结论部分从"西方"规划理论的角度出发,将规划者的想法与被认为合理的思想进行了比较。尽管这篇文章被描述成"话语分析",但其中的分析似乎更关注于解读规划者的思想,类似于第 8 章描述的访谈数据的主题分析。Healey(2007) 在研究欧洲三个国家不同阶段的城市空间战略制定时,对规划者的思想论证也很感兴趣,但她采取的方式则对个别规划者的想法关注较少。在这里,话语被视为在社会生活中具有重要意义(或本体论组成部分),它存在于个人的思想和想法之外,但在构建个人的实践或行为方面发挥着潜在作用(关于话语策略探究,见 Fischer,2003:41-47)。

伦理学

在比较研究中没有明显的伦理问题,同样的伦理准则也将适用于其他研究。然而,指导方针可能会有一些特殊问题,其中规定"参与者必须充分了解研究的目的、方法和预期用途"。但如果任何一方有语言问题,就很难确保这一点能满意地做到。

小结/核心观点

1. 跨国规划比较研究是试图描述和比较不同国家实施规划方式的研究。我曾提议,规划中的任何方面都可以作为对比研究的主题,但是根据 Sharpe 的经验法则"焦点的最大离散性",在研究特定的发展类型时,研究问题的核心概念的范围,或许比我提出的关于非对比研究的范围更狭窄。

2. 规划方式之间的差异和相似之处自然会引出"为什么"的问题。为什么政策和实施中会有不同？部分答案是"体制背景"的不同，尽管你也应该意识到一些国家可能共有的其他更普遍的因素（例如，欧洲联盟的影响）。同时在你自己的国家，你可能了解"制度背景"，清楚人们对规划及其实施的看法，但涉及其他国家的规划研究时，这些事情可能并不明了，因此就需要做相当多的工作"融入其文化"中，同时也需要具备相关国家的语言能力，以便与人交流或阅读文献。你需要对你的技能和可用的时间评估务实一些。

3. 与研究设计有关的问题在原则上与其他任何一个国家的研究规划没有什么不同，这些问题已在本书各章中讨论过。但在实践中，能得以完成的规划会受到限制。在国外对计划学习的案例进行抽样和获取可能比在国内更难，因此便捷抽样可能更具典型性。一般来说，你需要在你的论文中接受并承认一种更务实的研究设计方法。

4. 鉴于比较研究的这些现实的挑战，在思考一项跨国比较研究时，你似乎应该仔细考虑一下你可能得到的支持，以及这是否足以支撑你的工作。你的导师或主管是否熟悉要研究的国家？是否有特定课程或模块旨在提高你对比较规划的理解？是否有对你们开放的外语课程？你的部门是否与海外建立了联系（Herson 和 Couch，1986），或你的部门是否有积极参与海外研究的人员与某一国家建立的联络网（Wilson，1986）？建立这些联络网可以方便获取国外规划活动的案例，并使人们能够获得适当的数据来源（人员和地点）。

拓展阅读

一个早期但仍然非常有价值的跨国比较规划文本是：Masser I，Williams R，1986. Learning from Other Countries[M]. Norwich：Geo Books.

章节篇幅不长，包括了跨国设计的本质和目的，以及基于案例研究和基于调查形式研究的评估，见 de Vaus D，2008. Comparative and Cross-National Designs[M]//Alasuutari P，Bickman L，Brannen J. Social Research Methods. London：Sage：249-264.

还有一篇有用的章节阐述了跨国研究的潜力和问题，见 May T，2001. Social Research[M]. 3rd ed. Buckingham：Open University Press.

参考文献

Bendix R, 1963. Concepts and Generalisations in Comparative Sociological Studies[J]. American Sociological Review, 28: 532-539.

Booth P, 1996. Controlling Development[M]. London: UCL Press.

Booth P, Breuillard M, Fraser C, et al. 2007. Spatial Planning Systems of Britain and France[M]. London: Routledge.

Breuillard M, Fraser C, 2007. The Purpose and Process of Comparing French and British Planning[M]//Booth P, Breuillard M, Fraser C, et al. Spatial Planning Systems of Britain and France. London: Routledge: 1-13.

Carrière J P, Farthing S M, Fournier M, 2007. Policy for Small Towns in Rural Areas[M]//Booth P, Breuillard M, Fraser C, et al. Spatial Planning Systems of Britain and France. London: Routledge: 119-134.

Couch C, Fraser C, Percy S, 2003. Urban Regeneration in Europe[M]. Oxford: Blackwell.

Couch C, Sykes O, Borstinghaus W, 2011. Thirty Years of Urban Regeneration in Britain, Germany and France: The Importance of Context Dependence[J]. Progress in Planning, 75: 1-52.

Cropper S, 1986. Do You Know What I Mean? Problems in the Methodology of Cross-cultural Comparison[M]//Masser I, Williams R. Learning From Other Countries. Norwich: Geo Books: 23-39.

Cullingworth J B, 1993. The Political Culture of Planning: American Land Use Planning in Comparative Perspective[M]. New York: Routledge.

Davies H W E, 1980. International Transfer and the Inner City: Report of the Trinational Inner Cities Project(Occasional Papers 5)[R]. Reading: School of Planning Studies, University of Reading.

de Vaus D, 2008. Comparative and Cross-National Designs[M]//Alasuutari P, Bickman L, Brannen J. Social Research Methods. London: Sage: 249-624.

Eversley D E C, 1978. Report on Anglo-German Conference on Public Participation[M]. London: Royal Town Planning Institute.

Faludi A, Hamnett S, 1975. The Study of Comparative Planning[C]. CES Conference Papers no 13, London: CES.

Farthing S M, 2001. Local Land Use Plans and the Implementation of New

Urban Development[J]. European Planning Studies，9(2)：223-242.

Farthing S M，2008. National Planning Systems and the Emergence of City Region Planning in England and France[M]//Atkinson R，Rossignolo C. The Re-creation of the European City. Amsterdam：Techne Press：177-198.

Fischer F，2003. Reframing Public Policy：Discursive Politics and Deliberative Practices[M]. Oxford：Oxford University Press.

Flyvbjerg B，2001. Making Social Science Matter[M]. Cambridge：Cambridge University Press.

Healey P，2007. Urban Complexity and Spatial Strategies [M]. London：Routledge.

Herrschel T，Newman P，2002. Governance of Europe's City Regions[M]. London：Routledge.

Herson J，Couch C，1986. The Ruhr-Mersey Project and a Research-Led Teaching Programme[M]//Masser I，Williams R. Learning from Other Countries. Norwich：Geo Books：195-199.

Huxley M，Yiftachel O，2000. New Paradigm or Old Myopia? Unsettling the Communicative Turn in Planning Theory[J]. Journal of Planning Education and Research，19(4)：333-342.

Knieling J，Othengrafen F，2009. Planning Cultures in Europe[M]. Farnham：Ashgate.

Masser I，1984. Comparative Planning Studies：a Review[J]. Town Planning Review，55：137-160.

Masser I，1986. Some Methodological Considerations[M]//Masser I，Williams R. Learning From Other Countries. Norwich：Geo Books：15-26.

Masser I，Williams R，1986. Learning From Other Countries[M]. Norwich：Geo Books.

Salet W，Thornley A，Kreukels A，2002. Metropolitan Governance and Spatial Planning：Comparative Case Studies of European City-Regions [M]. London：Routledge.

Salet W，Gualini E，2007. Framing Strategic Urban Projects：Learning From Current Experiences in European Urban Regions[M]. London：Routledge.

Sandercock L，1998. Towards Cosmopolis：Planning for Multicultural Cities [M]. Chichester：John Wiley.

Sanyal B, 2005. Comparative Planning Culture[M]. London: Routledge.

Sharpe L J, 1975. Comparative Planning Policy-Some Cautionary Comments[R]// Breakell M J. Problems of Comparative Planning, Working paper 21. Oxford: Oxford Polytechnic, Department of Town Planning.

Tynkkynen V P, 2009. Planning Rationalities Among Practitioners in St Petersburg, Russia-Soviet Traditions and Western Influences[M]// Knieling J, Othengrafen F. Planning Cultures in Europe. Farnham: Ashgate: 151-168.

Watson V, 2003. Conflicting Rationalities: Implications for Planning Theory and Ethics[J]. Planning Theory and Practice, 4(4): 395-407.

Williams R, 1986. Translating Theory into Practice[M]//Masser I, Williams R. Learning From Other Countries. Norwich: Geo Books: 23-39.

Wilson I B, 1983. The Preparation of Local Plans in France[J]. Town Planning Review, 54(2):155-173.

Wilson I B, 1986. An Integrated Package: Researching and Teaching French Planning[M]//Masser I, Williams R. Learning From Other Countries. Norwich: Geo Books:187-193.

11
结 论

引言

　　我写这本书是相信,学生可以提高毕业论文质量和导师可以帮助学生提高毕业论文质量的重要方法是:花费比往常更多的时间提前思考研究设计。也就是说,考虑在研究过程中必须做出的关键决定。花时间去思考这些问题会使研究进行得更加顺利,并有助于撰写论文。这也将有助于避免一些情况的发生,例如,你可能会发现自己离提交包含大量数据的论文的截止日期很近时,却不清楚你可以利用现有的数据提出什么样的观点。

　　在这个简短的总结章节中,我想要强调前几章详细介绍的一些重要的主题。

研究中隐藏的假设

　　思考研究设计也意味着思考"研究"的含义。学生们都会对研究有一些想法,同样地,很多人可能已经注意到在规划文献中发现的一系列研究方法。我相信,对设计研究中所做决定背后隐藏的或未说明的假设有一些了解,是有帮助的。这些假设涵盖了社会世界是什么样的,它是由什么组成的,我们能知道什么,以及如何去调查它。我们不能做研究来回答这些问题。答案将成为思考任何研究的出发点。

我应该提出什么样的研究问题?

　　城市规划专业的学生经常就他们关心的主题撰写论文,他们希望能找到解决当前规划问题的方法。关注一个问题是很好的出发点,但要取得进步,所有的研究都需要由一个研究问题来指导,这个问题在原则上是通过产生适当的数据来回答的。您需要考虑如何将您对政策问题的兴趣转化为描述性或解释性研究问题(或两者兼而有之)。这将有助于弄清您想要发现的是什么。

如何论证要研究的问题？

除了研究一个问题的任何实际理由，学生还应该为研究提供一些学术案例。这也许是在开题报告中提出，但毕业论文中一定得有。文献综述应该对以前的研究进行论证，以证明对于这个研究问题没有人给出过令人满意的回答，因此进一步的研究是合理的。

我用来回答研究问题的方法逻辑是什么？

区分不同问题所需答案的类型是很重要的。描述性研究问题旨在提供描述，也许是有关城市世界的描述，也许是有关世界可能存在问题的方面，或者可能是有关规划系统的运作。在这里，你可能关心的是你所调查的案例的"代表性"，也就是说，你的描述可以从所研究的样本推广到更广泛的案例。在解释性研究问题的基础上，你提出的理由是为什么会发生某些事情，或者产生了什么后果。例如，引入规划政策的后果是什么？它是否成功实现了其目标？无论是对事件的发生还是对事件的后果进行预测，都有一些明确的事先假设，可以用于指导研究。就可能会发生的情况而言，我已经做了一个简单的区分，我认为这种区分有助于"解释"与"理解"之间的关系，"解释"关注于事件的因果主张，而"理解"则关注人们脑海中的想法以及他们行为的方式。

我将用什么方法来生成数据？

在规划文献中，将研究者所面临的选择视为采用定量或定性方法之间的选择是非常普遍的。总的来说，在这本书中，我避免了这种二分法，我认为这种二分法在讨论方法的选择上是没有帮助的。生成数据方法的选择是服务于回答你的研究问题，但是这样做时，你也应该考虑到数据生成的潜在数据来源，你在有限的时间内所能做的实际限制，以及研究应该如何进行的方法论争论。研究方法是有限的，但如何使用它们，以及你如何阐释这些研究方法所产生的结果，是会有所不同的。

我如何分析数据？

分析往往是整个研究设计过程中容易被忽视的部分。分析的目的是把你产生的数据转化为"证据"，您可以用它来支持和证实你的主张，无论这些主张是描述性的还是解释性的。数据的性质决定了它是否可以通过定性或定量的方法来分析。虽然分析很重要，但它绝不能弥补已产生数据中的任何不足之处。

我是否考虑过我所提出项目的伦理问题？这个项目会获得伦理认可吗？

现在很可能你必须获得伦理认可才能进行研究，因此考虑研究设计对于这项工作来说是很有价值的。关注研究设计意味着对研究伦理的考虑不是过程的结束，而是设计过程的一部分。伦理行为准则最常见的关注点是对研究参与者造成伤害的风险。但是，城市规划中关于研究伦理的争论更为广泛，并且涵盖了研究对象以及塑造研究过程的相关价值观。观众是属于规划实践界、学术界、还是当地社区？

结论

我希望这本书对产生一个"精心设计"的研究是有帮助的。我想强调的是，正如我在此描述的，研究设计是一个周期性的过程，因为早期的决策可能需要随着工作的进行而重新审视。例如，一旦你提出了一个可回答的研究问题，把它写下来，并且在研究设计的过程中可以随时查看，这将会很有用。鉴于进一步的阅读和实际问题都将限制你能研究的范围，你需要在设计阶段经常重新考虑你的研究问题。